JN085297

生態学入門

生態系を理解する

Introduction
To Ecology

第3版

編著 原口　昭
著 橋床泰之
　上田直子
　河野知謙

生物研究社

はじめに

　本書は，生物学を専門としない理工系の学生や，文科系学生のための生態学のテキストとして執筆されたものである。生態学のもっとも基礎的な内容の中から，生物学以外の専攻の学生が基盤教育として初めて生態学を学ぶうえで必要な内容を精選し，かつ近年の重要な環境問題にかかわる内容も含めて執筆した。何よりも初学者を対象としたテキストであることを念頭において，平易な解説に努めたが，その一方で，単なる「お話」を集めたのではなく，基礎知識の充足を目的とした書物である。

　生態学は，生物学の基礎分野として発展した学問であるが，近年，地球規模の環境変動や生態系破壊，またそれに伴う生物の生活環境の異変や生物多様性の減少などの諸問題を解決するための基盤研究分野として急速に発展した学問である。学問の発展と同時に多方面に拡散し，現在では生態学が扱う分野はきわめて多様になっている。また，都市計画や景観計画など応用分野の研究の基盤としても重要な分野であり，基礎から応用にわたって生態学は重要な学問分野の一部を担うようになった。

　環境，生態系，生物多様性などのキーワードは，理工系では，環境修復，資源循環，新エネルギー，低炭素化，水資源の管理・保全，都市計画，緑化などさまざまな実用的分野で重要な位置を占めると同時に，環境政策，国際関係，環境法など文科系の分野でも重要なテーマとなっている。このような問題を正しく理解し，適切な技術開発や政策提案をおこなうためには，そのもっとも基盤となる生態学の素養が必須である。

　本書では，いろいろな専門分野を学ぶ方々が，専門外ではあるが必須の知識として生態学を学ぶにあたって必要な内容を，広範な生態学の分野から精選して平易にまとめた。したがって，生態学の全分野は網羅できないものの，生態学のエッセンスがこの小さな書物に凝集されているとお考えいただきたい。

　また，実用的分野での本書の活用を意識し，土壌や農林生態系など，近年とくに注目されている分野の記述を加えた点が，一般の生態学テキストとは

異なる特徴である。将来，多様な環境分野で実践的に活躍する方々の基盤知識の充実のために，また生態学の一般啓蒙書として，広く活用されることを期待する。

　なお，本書の出版にあたって，生物研究社の編集部の方々には，企画から完成までたいへんお世話になった。ここに感謝の意を表したい。

2010 年 9 月

編者

第3版にあたり

　本書は，生態学の基礎講座のテキストとして使う事を想定して編集されたものですので，内容が大きく変わることはありませんが，よりわかりやすいテキストにするため，今回改訂を行いました。また，第 3 版では陸水生態系の章に河川を加え，湖沼とは性質が異なる，より身近な河川生態系を紹介しました。短い文章ではありますが，かわづくりも含めて凝縮した内容としましたので，河川を学ぶ方々にも，多様な生態系の中での河川生態系の特徴を理解するために，本書を活用していただければと期待します。

2023 年 4 月

編者

目　　次

第1章

生態系の科学

生態系の成り立ち

　生態学とは，広く生物 (organisms) と環境 (environment) との関連について解明する学問である。すなわち，自然環境あるいは人為的な環境の中で，生物がどのような生活をしているのかをあきらかにすることが生態学の目的とするところであるが，環境も，また生物もきわめて多様であるがために，研究対象や研究の手法もそれに応じて多様であり，学問の体系を構築するのがたいへん難しい学問である。

　生態学は，英語では Ecology といい，最近エコライフとかエコグッズなどのように環境を意識した用語として多用されているが，しばしば Economy，すなわち経済との対比で説明されることが多い。エコロジーはエコノミー，つまり，環境に優しい生活は経済的な生活でもある，というような関連をよく耳にするが，もっと本質的な概念として，人間社会における経済活動と，自然界での生物の営みとが類似しているところが，エコロジーとエコノミーの関連で重要である。生物の生活の営みについてはまだ解明されていない点が多々あるにしても，私たちの経済的な営みに関しては，私たちが日常経験しているところであるので，とくに生態学を初めて学ぶ者にとっては，経済を例にとることが生態系 (ecosystem) の理解の助けになるであろう。

　私たちの人間社会では，通貨（価値）を支払うことによって，物やサービスが得られる。通貨がなければ私たちは社会の中で生きていくことができないが，生物にも，物質やエネルギーという，生きていくために不可欠な要素がある。生態系の中では，常に生物間で，また生物と環境との間で物質やエネルギーのやりとりがおこなわれている。植物は環境から太陽光エ

ネルギーを取り入れて光合成 (photosynthesis) をおこない，有機物 (organic compounds) を生産する。有機物はエネルギーを蓄えた物質である。植物は動物に摂食され，さらに動物は他の動物に捕食される。この，他の生物を食べるという行動により，エネルギーが生物群集の中を移動していく。

　このように，経済社会における通貨の動きに相当するものが，生物の生活に必須なエネルギーや物質の動きである。生態系の中でのエネルギーや物質の役割は，まさに私たちが日常使うお金にほかならない。本章では，生物が環境の中で生活するシステムとしての生態系の構造 (structure) や機能 (function) について，生物間の関係や生物と環境との関係を中心に概説する。

生態系の単位

　何をもって生態系というのか。これは非常に難しい問題である。たとえば地球全体は巨大な一つの生態系である。また，一つの森林，あるいは一つの湖などは，比較的明瞭な単位として認識される一つの生態系であるが，決して境界がはっきりした閉じた系ではなく，生態系内外で物質やエネルギー，あるいは生物の動きがある開放的な系である。このような生態系は，たとえば森林を上空から見ても，見えるのは森林の外観だけであり，森林の中で，また森林土壌に棲んでいる生物のはたらき全体を把握することはできないために，私たちは実感として「これが一つの生態系である」と認識するのが難しい。

　さらに細かく見ると，ミクロコスム (microcosm)，すなわち水槽や試験管の中の生物，微生物群集などがつくるミクロな生態系は，全体を見わたすことができるという点ではイメージとしてとらえやすいが，そこで営まれている機能までは，いくら高性能の顕微鏡を用いたとしても私たちの目で確かめることはできない。そのため森林同様，生態系の概念は抽象的な概念となってしまうであろう。

　とはいっても，私たち人間も環境の中で環境とかかわりをもって，また他の生物とのかかわりをもって生活しており，生態系の構成要素の一つとなっている。生態系は，その実体を目で見ることはできず，概念としてとらえることしかできない。そこで，この抽象的な生態系を具象化して表現する方法がいくつか考案されている。

その一つが，エネルギーの流れから生態系を表現する方法である（図1）。いわゆる生態ピラミッド（ecological pyramid）とよばれている図式であるが，この図は，下に位置する生物から上に位置する生物へとエネルギーが流れていくようすを表現してある。生物が利用可能なエネルギー，つまり有機物を自分自身でつくり出すことができる緑色植物などを生産者（producer）とよぶ。一般に，このように有機物生産をおこなう生物を独立栄養生物（autotrophic organisms）とよんでいる。これに対して動物は自ら有機物を生産することができないので，消費者（consumer）とよばれる。消費者は，植物食の一次消費者（primary consumer），すなわち植食動物（herbivore）または草食動物（grazer），一次消費者を捕食する肉食動物（carnivore）である二次消費者（secondary consumer），肉食動物を捕食する三次およびさらに高次の消費者に分けられる。このような区分を栄養段階（trophic levels）とよび，エネルギーの流れの方向に従って生物が利用するエネルギーの総量を下から積み上げると，栄養段階が上がるごとに生物が利用できるエネルギー量が減っていくため，上のほ

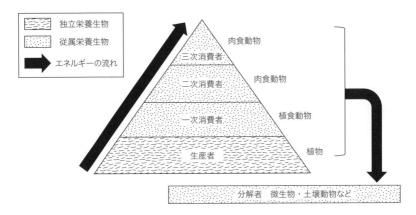

図1　生態系を構成する生物の栄養段階を用いた生態系の図式（生態ピラミッド）

生産者（植物など）から一次消費者（植物食の動物），二次消費者（一次消費者を捕食する動物），さらに高次の消費者へとエネルギーが受け渡されるが，この過程で生物が利用可能なエネルギー量は減少する。また，これらの生物の枯死体や死骸は分解者に利用される。この図には示されていないが，分解者の中にも同様な生態ピラミッドが構成されている。

うが小さくなっている。これがピラミッド型になるため生態ピラミッドとよばれる。生態系には, 生態ピラミッドを構成する生物のほかに, 枯死した植物や動物の死体を分解してエネルギーを得ている生物がおり, これらを分解者 (decomposer) とよんでいる。消費者と分解者は, 自分自身では有機物を合成することができないので, 従属栄養生物 (heterotrophic organisms) とよばれる。

　生態系の構造の表現の二つめは, 食う・食われるの関係を図示したものである (図2)。どの生物がどの生物を食べるのか, たとえば, キツネがネズミを食べる, といったエネルギーの移動方向を矢印で示す図式である。エネルギーの流れには, 分解者が他の生物の死体を分解するはたらきも含まれるので, 捕食・被捕食の関係, すなわち食物連鎖 (food chain) や食物網 (food web) だけでは不十分であり, 分解者を含めたエネルギーの移動を図示する必要がある。このように生態系は, 非常に複雑な, 食う・食われるの関係で構成されていることがわかる。生態系での生物の関係の複雑さは, 生態系の安定性と関係している。たとえば, フクロウなどの猛禽類は森林内の小動物を捕食するが, 多種の小動物が森林に生息していれば, 仮に主食としているリスが森林

図2　食物連鎖による生態系の図式
　　　生物どうしには, 捕食者 (天敵) と被捕食者との関係があるが, 安定な成熟した生態系ではこれらの関係が複雑な網目状の構造となり, これを食物網とよんでいる (Solomon, Berg & Martin, 1999 をもとに作図)。

からいなくなってもその代わりにネズミを捕食することでフクロウは有機物を得ることができる。ところが，生物種が少なくなり，この森林にフクロウの餌となるネズミが1種しかいない場合，そのネズミがいなくなれば，フクロウは餌を得ることができなくなりこの森林で生活することができなくなってしまう。このように，生物種が少なくなり，生物多様性 (biodiversity) が低くなると，環境の変化があったときに捕食者が捕食する生物を変えることができなくなる。すなわち人間も含め，多くの種類の生物が生活している生態系ほど安定であるといえる。

　物質循環 (materials cycling) のようすを描いた図も，生態系の図式として重要である（図3）。物質は，物理化学的な過程で，また生物が関係する過程で生態系内を移動するが，生物間で，また生物と環境との間で物質のやりとりをおこなうことによって，生物の生活が成り立っている。物質にはさまざ

図3　物質循環（炭素の循環）による生態系の図式
　　　生態系では，エネルギーの輸送とともに物質の輸送がみられる。物質はエネルギーとは異なり，形態を変えつつ生態系の中で循環している（Solomon, Berg & Martin, 1999よりイメージを得て作図）。

5

まな種類があり, 生態系ではそれぞれの物質が特有な機能を担っている。炭素を例にとると, 生物は呼吸によって二酸化炭素を放出し, 生産者は二酸化炭素を利用して光合成をおこなう。光合成によって合成された炭素の化合物である有機物は, 食物連鎖の過程を経てエネルギーとして生態系の中を移動する。有機物は, 最終的には消費者と分解者によって分解されて二酸化炭素を主とする炭素化合物として環境に戻るが, 一部は木材などの分解されにくい有機物として, また石炭や石油などの化石資源 (fossil energy) として長い時間環境にとどまることになる。私たち人間が化石資源を使って二酸化炭素を放出する行為は, 規模は異なるが分解者のはたらきと同じであるといえよう。このように, 生態系の駆動力であるエネルギーや, 生物と環境とを結びつけている物質の動きで生態系を図示すると, 生物と環境とのかかわりがより明瞭になる。

　このように, 生態系は, 何に注目するかによって異る図式で表現される。これらの図式は, まったく別物のように見えるが, お互い関連を持っており, 生態系はこれらの図式がいく重にも重なりあってつくられる複雑な構造と機能を有している系であるととらえることができる。

生態学は何に貢献するのか

　生態学が何の役に立つのかを考えるうえで, まず生態学がどのような学問分野から成立したのかについてみてみたい。生態学は, 物理学や化学といった学問よりは新しく, およそ 1910 〜 1920 年くらいに成立したといわれている。生態学の基盤となる学問分野は, 植物では植物生理学 (plant physiology) で, これは生態系の駆動力ともなる有機物を植物がどのようにして生産するのかを解析することから始まった。一方動物に関しては, 動物行動学 (ethology) が基盤にある。たとえばローレンツ (Lorenz, K. Z. 1903 - 1989) は動物の行動を観察し, 鳥の雛が親鳥を認識する過程で刷り込みの現象を発見したが, これは, 動物の行動が種の生活と密接にかかわっており, 生物がどのような行動をとるのかが個体や種の存続と関係する点で, 生態学の基礎分野である。このように, 生物が個体群や群集 (第 2 章, 第 3 章で詳述) を維持するためには何が必要であるのかを植物, 動物それぞれの観点から解析するところから, 生

態学が生まれたのである。

　さらに，地球上のどこにどのような生物が分布しているのか，またそれはどのような歴史をもっているのかを議論する生物地理学 (biogeography) や，生物種の共通性や違い，生物種が変遷する過程を議論する系統分類学 (phylogenetic systematic)，加えてこのような議論の証拠となる現在や過去の記録を収集し解析する博物学 (natural history) も生態学の重要な基盤である。

　このような背景をもつ生態学は，いくつかの分野に分かれて発展したが，その主な分野と，周辺の分野でどのような貢献をしているのかについて簡単に説明しよう。

　生態学の一分野として，物質生産生態学 (production ecology)，あるいは生理生態学 (physiological ecology) とよばれる分野がある。これは，有機物を生産する植物がどのような条件で育つのかについて，光合成や栄養学の観点から解明する分野であるが，実用的にはバイオマスエネルギー (biomass energy) の生産と利用などとかかわりをもつ。バイオマス (biomass) とは，本来は生物体の重さ（乾燥状態での重さ）を指す用語であるが，近年は，生物体そのもの，生物が生産した有機物の意味で一般に用いられるようになった。エネルギー資源の枯渇からバイオマス資源が注目を集めているが，効率よくバイオマス資源を生産する方法を考えるときに，物質生産生態学や生理生態学の成果が応用される。

　また，個体群生態学 (population ecology) や群集生態学 (community ecology) といった，もともと動物の行動解析から発展した生態学の分野があり，ここでは個体間の相互作用や生物種間の相互関係を扱う。さらに，生物の進化と生態的な機能の関係を解析する進化生態学 (evolutionary ecology) という分野があるが，これらを基盤として保全生物学 (conservation biology) が発展した。これは種の絶滅を回避し，生態系を安定な状態に維持するための具体的な手法を考えるうえで必要な学問である。ビオトープ (biotope) はここから生まれたもので，生物種の保全のための具体的な手法の一つである。また，伝染病の予防など疫学の分野で，個体群生態学や群集生態学を基盤として発展した理論生態学 (theoretical ecology) が活用されている。ここでは生物間の関係を理論的に解析することで，たとえばウイルスが拡散するプロセスを予測し，感

染症の大流行の予防に役立てる方法を開発する。

　さらに，植生学 (vegetation science)，植物社会学 (phytosociology) といった分野があり，これは主として植物群集を区分し，その群集が成立するに至った歴史や群集の変遷を議論しているが，ここで得られた植生の解析法は，環境影響評価 (environmental risk assessment) の具体的な手法として実際に用いられている。また，自然環境と調和のとれた都市計画をどのように進めればよいか，生態系との共生を考えた開発をどのように計画すればよいのか，といった応用分野の景観生態学 (landscape ecology) でも，基礎生態学の成果が活用されている。

生態系の構成要素

　生態系を概念的にとらえるのは難しい。たとえば，生態系の大きさはどのくらいかと聞かれても，厳密に説明することは難しい。地球全体が一つの生態系であると同時に，試験管の中のミクロコスムも一つの生態系である。生態系は必ずしも閉じた系である必要はないので，生物が環境とかかわりをもちつつ形成された，まとまりをもった系はすべて生態系の概念として適当である。むしろ，生態系には地球全体におよぶマクロな系から，土壌中の微生物

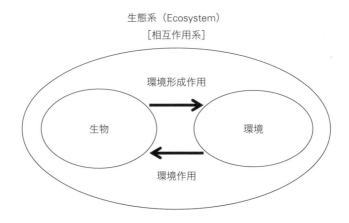

図4　生態系における生物と環境との相互作用
生態系は，環境が生物に及ぼす環境作用と，生物が環境を決める環境形成作用とから成り立っており，これを相互作用とよんでいる。

がつくるミクロな系まで大小さまざまな段階があり，いま自分がどの大きさの生態系を対象としてみているのかを明確に示したうえで，生態系に関する議論をすることが何よりも重要であろう。

　生態系の機能として，相互作用 (interaction) について説明しよう。生物と，その生物が生活する場である環境は，お互い影響を及ぼしあっている。これを相互作用とよぶが，相互作用は，環境が生物に及ぼす環境作用 (environmental action) と，生物が環境に与える環境形成作用 (reaction) とに分けられる (図4)。人間は，気温などの環境にあわせて衣服を替えたり住居の構造を変えたりするが，これは環境が生物に及ぼす環境作用である。また，人間活動によって環境汚染が各地で発生しているが，これは生物が環境を変化させる環境形成作用である。このような生物と環境との相互作用の他に，生物どうしの間での相互作用や，環境因子の間の相互作用も考える必要がある。

　相互作用の実態を考えるうえで，物質の動きが重要となる。生態系の中での機能から，物質は，エネルギーをもつ有機物と，エネルギーをもたない栄養塩類 (nutritive salts) や水，あるいは元素の単位の無機物に分類される。無機物は生態系の中を循環し，繰り返し利用される。また，生産者によって生産された有機物は食物連鎖や分解者による分解の過程を経て生物に利用され，最終的にはすべてが使いつくされる。このような物質の動きによって生物どうしが，また生物と環境とが結ばれ，生態系が構成されるのである。

　生態系を構成する生物は，いくつかの単位に分けて考えられる。まず，もっとも基本となる単位は個体 (individual) であり，個体とはたとえば人間1人1人のことである。この個体の集合は個体群 (population) とよばれるが，個体群は同じ種 (species) の生物，たとえばヒトというただ1種の生物の集まりを指す。さらに，生物群集は異なる種の生物の集まりで，最低2種の生物を含む単位である。一般に生態系の中では多くの種が生活しており，これらの生物群集と環境との相互作用で生態系は成り立っている。次の章では，同じ種の生物の集合体である個体群からみていくことにしよう。

第2章 個体群と種内関係
Chapter.2

個 体 群

　同じ種の生物の集合を個体群 (population) とよぶ。また，2種以上の個体群の集合，すなわち，2種以上の生物種からなる集団を生物群集 (community) とよぶ。

　ここで，種 (species) の定義について簡単に紹介しておこう。生態学において，種の概念は生態系の機能，とくに生物間の相互関係を考えるうえで重要である。種とは，簡単にいえば，共通の形質をもっている，つまりお互いよく似かよっている生物の単位である。たとえば人間はみな似ていて，あきらかに類人猿のチンパンジーとは区別がつく。しかし，単に形質が同じであれば同じ種であるかというとそうではなく，繁殖能力をもち子孫を残せることが同じ種としての条件である。たとえば，異なる種間の個体のかけあわせで雑種個体をつくることは可能だが，この雑種個体は通常配偶子 (gamete) 形成の過程で減数分裂 (meiosis) ができず，配偶子が形成されないために繁殖ができない。すなわちこのような雑種は種として定着しない。たまたま雑種個体に突然変異が起こり，染色体が倍数化すると正常な減数分裂ができるようになり，子をつくることができる。これは種の形成，すなわち生物進化では重要な過程だが，頻繁に起こるものではないため，子孫を残すことができるという条件が種を定義する理由であるとするのはわかりやすい。

　一般に生物の分類学では，まず生物を界 (Kingdom) という最上位の分類段階で分類する。六界説に従えば，界は，動物界 (Animal)，植物界 (Plant)，真菌界 (Fungi)，原生生物界 (Protists)，アーキア (古細菌) 界 (Archaea)，細菌界 (Bacteria) に分け，界の下にそれぞれその下位分類段階として門 (Phylum,

Division, 分類群により対応する用語が異なる), 綱 (Class), 目 (Order), 科 (Family), 属 (Genus), 種 (Species) と分類する。種の下には, 亜種 (subspecies), 変種 (variety), 品種 (variety, form) などが置かれる場合がある。

　種の名前, 学名 (scientific name) は, リンネ (Linné, C. von. 1707-1778) によって考案された属名と種小名をラテン語で記す二名法を用いることが世界的なルールとして決められている。たとえば, セイタカアワダチソウの学名は *Solidago altissima* L. である。*Solidago* は属名, *altissima* は種小名でこれらをイタリックで示し, 末尾にはこの種の記載をおこなった命名者の名前をつけ, この L. はリンネを意味する。また, 同一の学名が繰り返し用いられる場合には, 2回目以降は *S. altissima* のように属名を省略して記載されることが多い。

個体群の成長

　個体の成長とはその個体の大きさや重さが変化することであるが, 個体群の成長とはその個体群を形成する個体数の増減を指す。すなわち, 正の成長は個体数の増加を, 負の成長は個体数の減少を意味する。

　個体群の成長速度はさまざまな要因に左右されるが, その中でも個体群の成長を制限するような要因, すなわち環境抵抗 (environmental resistance) がない場合には, 個体数は無限に増加していく。まず, 世代 (generation) が連続していない場合, つまり親の世代と子の世代が完全に独立している場合の個体群の増加を定式化してみよう (図5)。たとえばカブトムシのように, 親世代が卵を産むとすべて死亡し, 翌年この卵から子世代の個体群が形成されるような場合を考えればよい。ここで, 単位面積, あるいは単位空間体積あたりの個体数を個体群密度 N という。いま, N_t を親世代 (世代 t) の, N_{t+1} を子世代 (次の世代 t + 1) の個体群密度とすると, 個体群の成長速度は,

$$N_{t+1} = N_t R$$

で示される。ここで, R は1世代後に個体数が何倍に増えるのかを表す定数 (純繁殖率) で, 世代を経るごとにR倍の割合で増えていくことを意味している。Rは生物種や環境条件によって異なる。

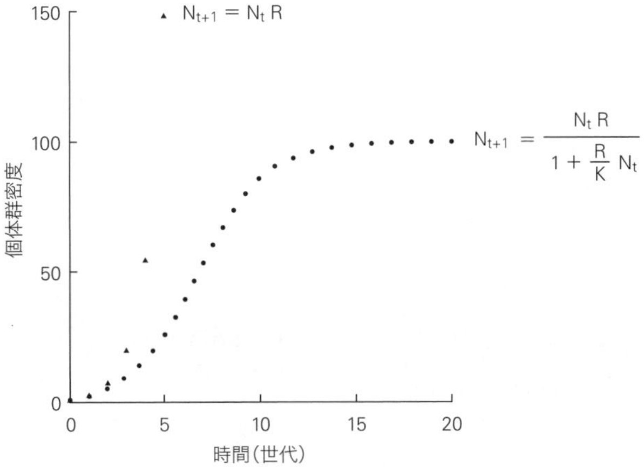

図5　世代に重なりがない場合の個体群の成長

親と子の世代が同時に存在することがないような生物では，個体群の成長（個体数の変化）は数列式で示される。環境抵抗がない場合には，1世代ごとにR倍ずつ増える。また，環境抵抗がある場合には，環境収容力（定数K）に収束する。

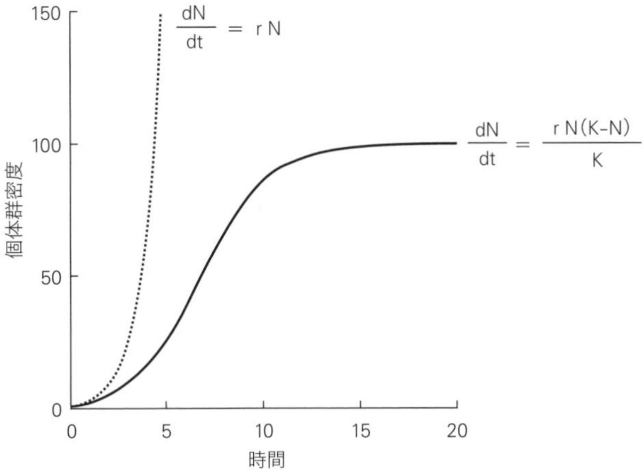

図6　世代が連続している場合の個体群の成長

ヒトのように親と子の世代が混在する生物では，個体群の成長は微分方程式で示される。環境抵抗がない場合には指数関数的に増加し，環境抵抗がある場合にはS字型の曲線を示し，環境収容力（定数 K）に収束する。

　一方，人間のように世代が連続している場合でも，考え方は同様であるが，個体数変化が連続関数 (continuous function) で表されるので，指数関数 (exponential function) 的な増加曲線で示される (図6)。個体群密度をN，時間をtとすると個体群の成長速度は，

$$\frac{dN}{dt} = rN$$

で表される。ここで，rを内的自然増加速度 (intrinsic rate of natural increase) とよび，生物種に特有の値である。

　ここに示した二つの式では永遠に個体数が増加し続けるが，実際の個体群では，たとえば食糧の不足，生活空間の不足，環境の悪化など，まさに人間が直面しているさまざまな要因が作用して個体群の成長は抑えられる。このような要因が環境抵抗である。

　次に，環境抵抗がはたらく場合の個体群の成長の定式化を考える。まず，世代が連続していない場合は，

$$N_{t+1} = \frac{N_t R}{1 + \dfrac{R}{K} N_t}$$

で表される成長を示す (図5)。個体群密度が低い (N_tが小さな値をとる) あいだは環境抵抗がない場合と同じような成長を示すが，やがて環境抵抗がはたらき，成長が抑えられ，あるところで一定値に達する。この定数 (K) を環境収容力 (carrying capacity) という。環境収容力とは，与えられた環境において生物が生活できる最大の個体群密度ということになる。

　次に，世代が連続している場合には，

$$\frac{dN}{dt} = \frac{rN(K-N)}{K}$$

で表される成長を示す (図6)。世代が連続していない場合と同様に，個体群密度が低いあいだは環境抵抗がない場合と同じように指数関数的に増加する。やがて成長速度が小さくなり，個体群密度がKに近づくにつれて時間変化が0

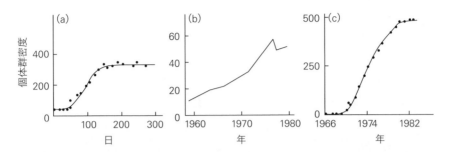

図7 個体群の成長曲線の例

(a) 毎週10gの小麦を与えた場合の甲虫（*Rhizopertha dominica*）の個体群
密度（Crombie, 1945），単位は個体数，(b) Serengeti 公園内のヌーの一種
（*Connochaetes taurinus*）の個体群密度（Sinclair & Norton-Griffiths, 1982），
単位は個体/km²，(c) ウサギの粘液腫症が流行してウサギによる食害が
防除された後のヤナギ（*Salix cinerea*）の個体群密度（Alliende & Harper,
1989），単位は個体数（Begon, Harper & Townsend, 1996 の図を改変）。

になり，個体数が定数（K）に収束する。このS字型の曲線は，一般にロジスティッ
ク（logistic curve）によって近似される。

　では，実際の個体群ではどうなっているのであろうか。生態学のデータは，通
常誤差を多く含んでいるので，理論的な曲線に正確に合うわけではない。大腸菌
のような微生物ではかなり理論値に近い成長を示すが，逆に大型哺乳類は個体群
密度の変動が大きい。図7に甲虫，ヌーの一種，ヤナギの個体群の成長曲線を示
す。ヌーの一種の例では一見理論的な曲線にのっていないようにみえるが，大型
動物の場合には個体群密度を正確に把握することが難しいという点を考慮する
と，概形はS字型でおおよそ理論的な成長を示していると考えてよいであろう。

齢構成

　生物の個体群の多くはさまざまな年齢の個体からなっている。各年齢の階
級を占める個体数の割合を齢構成とよび，これをピラミッド状に積み上げた
図が年齢ピラミッドである（図8）。年齢ピラミッドは［A］発展型（若齢層が
厚くこれから生殖期をむかえる個体が多いと将来の個体数増加が見込まれ
る），［B］安定型（各齢階級で一定の割合で減少するため出生率と死亡率が
釣り合い，個体数が安定している），［C］衰退型（若齢層が少なく，生殖にか

かわる個体が死亡数より少ないと将来の個体数減少につながる）の3つの型に分けられる。

生存曲線

同齢の個体群（コホート，cohort）の個体数が時間とともにどのように減少

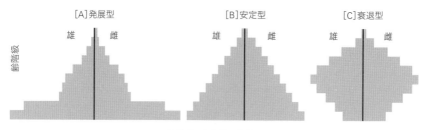

図8　年齢ピラミッドの3つの型
各齢階級に属する個体数の割合を若齢個体を下にして積み上げた図で，3つの典型例を示す。

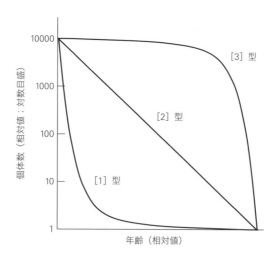

図9　生存曲線の3つの型
生物の出生から寿命までの年齢を相対値で表示し，年齢に対する個体数の変化を出生個体数（10,000個体）に対する割合（対数目盛）で示したもの。

Introduction To Ecology

するかを示した曲線を生存曲線 (survival curve) とよぶ (**図9**)。生存曲線は，[1] 若齢期の死亡率が高い (産卵数の多い魚類など)，[2] 死亡率が各時期でほぼ一定 (抱卵などにより初期死亡率が低い鳥類など)，[3] 死亡率が若齢期は低く高齢期に急速に増加する (若齢期に十分な保護を受けて育つヒトなど)，の3つに類型化される。密度効果 (次項参照) や環境抵抗が変化しない場合には，[1] 型の生存曲線をもつ生物は前述した [A] 型の年齢ピラミッド，[2] 型の生存曲線をもつ生物は [B] 型の年齢ピラミッド，[3] 型の生存曲線をもつ生物は [C] 型の年齢ピラミッドに似た齢構成となる。ただし，齢構成は生物の群集が受けた攪乱により大きく変化するため，現在の個体群の齢構成からいつどのような攪乱が個体群に働いたのかを考えるうえでは，本来その生物のもつ生存曲線がどのタイプであるかが重要となる。

種内関係と密度効果

　ここでは生物間の関係，とくに種内競争 (intraspecific competition) についてみてみよう。生物間の競争には，同じ種の個体間の種内競争のほかに，複数の別の種の個体間の種間競争 (interspecific competition) がある。これらはまったく別の概念であることに注意したい。種内競争は資源 (光や水，栄養塩類，空間など生物が利用するものすべてを資源とよぶ) をめぐって起こる個体群の中での競争であり，個体群密度が高くなると競争が激しくなる。

　種内競争は個体群密度と関係をもち，これを密度効果 (density effect) とよぶ。密度効果とは，たとえば個体数の増減が個体群密度によって制御される現象をいう。個体数に影響を及ぼす要因は，出生，死亡，移入，移出が主なものである。移出入がない閉じた系の個体群の中での出生と死亡をみるとき，出生数，死亡数は個体群密度の増加に伴って一般には増加するが，ここでは全個体数に対する出生個体数，死亡個体数である，出生率，死亡率として考える (図10)。ただし，すべての生物がこのグラフに示すような出生率，死亡率を示すわけではないことに注意してほしい。死亡率は，個体群密度が低いうちは低いが，密度の増加とともに高くなる。混みあってくると食糧が少なくなり，生活空間が狭くなり，また環境が劣化し，これに伴ってストレスが増加し，死亡率が高くなる。出生率も個体群密度が高くなると低下する。しかし，死亡率とは

17

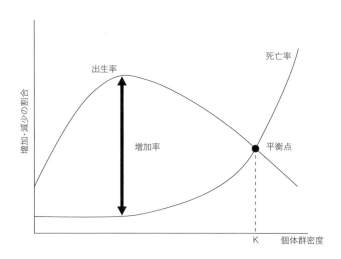

図10　個体群密度による出生率と死亡率の一般的な変化
個体の移入や移出がない個体群では，出生率と死亡率が等しくなった
曲線の交点で個体群密度が平衡に達する。

異なり，通常出生率は個体群密度が低い範囲ではその増加に伴って増加する。
これは繁殖の確率と関係しており，繁殖が成功するためにはある程度の個体
群密度が必要であることに関係している。たとえば植物は，個体と個体の間
が離れすぎると受精が成功しない。とくに風媒花 (anemophilous flower) は，
個体間の距離が離れていると受粉の成功率が極端に低くなる。一方，虫媒花
(entomophilous flower) では，ある程度個体間の距離が離れていても受粉の成
功率が高く，たとえば特定のハチにより受粉がおこなわれるある種のラン科
の植物では，非常にまばらな空間分布ながら，確実に受粉を成功させている
ことが知られている。この場合のランとハチの間には，ランがいなくなると
そのハチもいなくなる，逆にハチがいなくなるとランもいなくなる，という
共生の関係 (第4章) が成り立っている。
　個体群密度の増加に伴い，出生率 (birth rate) はある密度で最大値を示す。ま
た，死亡率 (mortality) はしだいに増加する。したがって，死亡率と出生率の曲
線の交点 (平衡点) が存在し，この点の個体群密度が出生率と死亡率がつりあう
密度，すなわち安定な個体群密度であり，これが環境収容力 K となる (図10)。

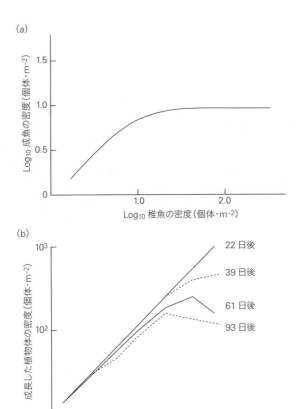

(a)

(b)

図11 種内競争の例

　(a)1m²で飼育したマスの稚魚とそれらが成魚になったときの個体群密度の関係（Le Cren, 1973 を改変），(b)1m²に播種したダイズの発芽直後とそれらが成長した植物体の個体群密度の関係（Yoda *et al*., 1963 を改変）。
若齢期の密度が低いときはほとんどすべての個体が成長できるが，密度が一定値を超えると種内競争が起こり，同一の広さの空間内で成長できる個体の密度は一定の値に制限される。

　密度効果の事例として，マスの稚魚が成魚になるまでの個体群密度の変化をみてみよう（**図11(a)**）。稚魚を一定の広さで飼育する場合は，ある密度まではほとんどが成長して成魚になるため，稚魚を増やせば成魚も増える。し

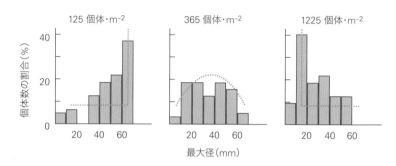

図12 岩礁に生息するカサガイの一種（*Patella cochlear*）の個体群
密度が異なる生息場所での最大径の分布のヒストグラム
低密度（左）では逆L字型，中間の密度（中）では正規分布（ベル型），
高密度（右）ではL字型になる（Branch, 1975 を改変）。

かし，稚魚の密度がある値より高くなると，成魚になれる個体数は稚魚の
数に関わらずほぼ一定となる。植物でも同様の密度効果がみられる（**図11
(b)**）。若齢期の個体サイズが小さいうちは限られた空間の中での混み合い
が小さいので種内競争も低いが，個体サイズが大きくなるにつれて混み合
いが激しくなり，種内競争も強く起きるようになるため，一部の個体が死
亡・枯死して個体数が減少する。

　種内競争の程度は，個体群を構成する個体のサイズ分布で判断すること
ができる（**図12**）。カサガイは潮間帯（tidal zone, intertidal zone）の岩場に
生息する軟体動物であり，岩の表面を覆うように生息している。個体のサ
イズ分布を，1個体あたりの重さや大きさといったサイズの階級ごとにヒ
ストグラムで示すと，個体群密度が中程度である場合はベル型の正規分布
を示す。これに対して密度が高くなると，小さな個体が圧倒的に多く，大
きな個体が著しく少ない分布，すなわちL字型の分布になる。L字型の分
布は種内競争が激しく起こった結果である。逆に，個体群密度が極端に低
い個体群では，比較的大型の個体が多く，小さな個体がわずかに存在する
ような逆L字型になる。

最終収量一定の法則

カサガイが生息している岩場で，個体群密度とバイオマスとの関係を調べてみると（図13），個体群密度の増加に伴ってある密度まではバイオマスが増加するが，それ以上では一定になる。バイオマスが一定になるような密度範囲では，たくさんのカサガイが岩の表面全面を覆い，種内競争が起こる。すなわち，高密度の場所とは小さな個体が多数岩を覆い，低密度の場所とは大きな個体がまばらに岩を覆っている状態であるが，個体群密度に関係なくそこに生息する生物体全体の重さ，すなわちバイオマスは一定となっている。

植物についても同様に密度と生物の生産量との関係を解析した結果，種子

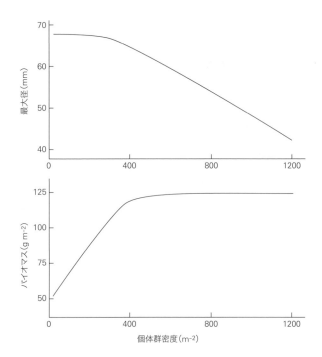

図13 岩礁に生息するカサガイの一種（*Patella cochlear*）の個体群密度と最大径，バイオマスの関係

個体群密度が400個体・m^{-2}以上ではカサガイは岩礁の表面を埋めつくし，各個体のサイズが小さくなるが，バイオマスは一定である（Branch, 1975 を改変）。

21

の発芽直後の個体群密度がある値以上になると，成熟した個体群（単位面積あたり）は最終的に一定になる。これを最終収量一定の法則（law of constant final yield）とよんでいる。ここで収量とは，私たちが食用に利用できる部分の収穫量のみではなく，全植物体の重さ，すなわちバイオマスのことであることに注意したい。この法則は，個体群密度が低く，個体間にすきまが多くまばらに植物が生えている状況では成り立たないが，種内競争が生じる密度に達すると，密度が高いほど 1 個体あたりのサイズが小さくなる。つまり，密集すると個体間で水，光，栄養塩などの資源をめぐる競争が起こり，1 個体が利用できる資源量が高密度になるほど減るため，結果として個体のサイズが小さくなる。最終収量一定の法則は，収量を上げるために密に種子を蒔いても収量は増加しないことを意味している。

自己間引きと 2 分の 3 乗則

　個体の成長に伴う種内競争の結果として，自己間引き（self thinning）が起こる場合がある。これは個体の成長の過程で小さな個体が死亡し，大きな個体が生残する現象である。大きな個体は小さな個体より多くの資源を獲得することができるので，大きな個体はますます大きく，小さな個体は利用できる資源がますます限られるようになりやがて死亡する。

　生存個体の密度と 1 個体の重さの関係を経時的にみると，個体がまだ小さいときには種内競争が起こらず，自己間引きも起こらないので個体数が変わらないまま成長し，個体の重さは増加する（**図 14**）。個体がしだいに大きくなると，種内競争の結果自己間引きが起こって個体数が減り，生き残った個体の重さは重くなる。自己間引きが起こるときの変化を追ってみると，生存個体の密度と 1 個体の重さとの関係は，それぞれ対数でプロットすると傾きが − 3/2 の直線で示される。これを 2 分の 3 乗則（the − 3/2 power law）とよんでいる。

　2 分の 3 乗則は経験的な法則であるが，生物個体の相対成長（relative growth, allometry）から説明することができる。相対成長とは，たとえば樹木の高さが 2 倍になると，その個体が占有する土地の面積が 4 倍，そして占有する空間の体積が 8 倍になるというような，対称的な成長である。風船を膨らませるような概念でとらえればよいであろう。生物 1 個体の重さはその個体

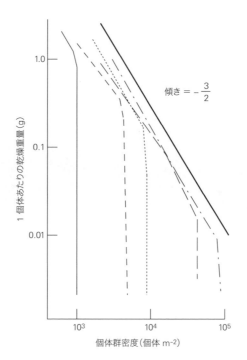

傾き $= -\dfrac{3}{2}$

図14　2分の3乗則
異なる初期密度で播種したホソムギ (*Lolium perenne*) の自己間引きの
過程における個体群密度と1個体あたりの乾燥重量の時間変化の軌
跡は，両対数で示すと傾き-3/2の直線となる (Lonsdale & Watkinson,
1983を改変)。

の体積に比例する。体積は個体の高さの3乗に比例するので，個体の重さは
高さの3乗に比例することになる。一方，個体群密度は1個体あたりの占有
面積の逆数であり，占有面積は個体の高さの2乗に比例する。したがって，相
対成長が起こる過程では，1個体の重さと個体群密度との関係を両対数でプ
ロットすると，その関係は直線で表され，この直線の傾きは-3/2であること
を意味している。自己間引きの過程では，小さい個体が死ぬとその個体が占有
していた土地面積や水，栄養塩などの資源を大きな個体が引き継いで，これを
利用してさらに成長する。その結果，個体群密度の減少と個体の成長が起こる
と考えられる。

第3章 Chapter.3 生物群集と種間関係

資源と生態的地位

　生態系の中で，それぞれの種が占めている位置を生態的地位（ニッチ；niche, ecological niche）とよぶ。種の地位を具体的に表現することは難しいが，生態的地位とは，さまざまな種間関係を表現するうえでたいへん有効な概念である。簡単にいうと，その生物種が地球環境のどこで生活し，どのような役割を担っているのかを示すのが生態的地位である。ここで，「生活できる」ということがどのような条件を備えていなくてはならないのかを明確にしておく必要がある。たとえば，人間は海にもぐることができる。つまり，海中という場所に存在することは可能であるが，海の中で継続的に暮らすことはできない。つまり，短期間その場所で生活することができても，そこで子孫を残して代々長期的に生活できなければ，種として生活していることにはならない。ほかの例として，熱帯に生育している樹木を温帯域に移植すると，多くの種は定着し，成長する。しかし，それだけではその樹木が温帯域に生態的地位を得たことにはならない。成熟して花をつけ，種子を生産して子孫を残してはじめて生態的地位を獲得したということができる。

　生態的地位は，生物が生活するさまざまな環境を多次元の空間で表現し，その空間の中でその種が分布している領域として表現される。つまり，気温や降水量など多数の環境変数を軸とする多次元の環境空間を考え，この空間のどこにその生物が生活しているのかを表す領域が生態的地位である（図15）。この図は二つの環境軸からなる平面の中での生態的地位を模式的に示したものであるが，環境は多次元であるので，一般的には多次元の環境

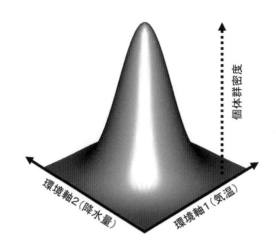

個体群密度

環境軸2（降水量）

環境軸1（気温）

図15　生態的地位の概念図
気温や降水量などの環境変数がつくる空間上での生物の分布を模式的に
示したものが生態的地位の概念である。（統計ソフトRを用いて作図）

空間の中に生態的地位が図示される。生態的地位には大きく二つの概念が
ある。その一つは，他の種がまったく存在しない場合の生態的地位で，これ
を"基本的な生態的地位 (fundamental niche)"とよび，その種がもつ生理的
な特性によって決まる。もう一つは，他の種との関係で決まる生態的地位
で，これを"現実の生態的地位 (realized niche)"とよんでいる。比喩的な表
現であるが，人間の場合は，さまざまな技術を駆使して他種との競争を排除
し，ほぼ基本的な生態的地位と現実の生態的地位とは一致しているといえ
よう。しかしながら，ある生物が生理的に生息が可能な場所（基本的な生態
的地位）でも，たとえばそこにワニのような凶暴な肉食動物が生息している
と，そのような場所に定着することは避けるだろう。このようにして決定さ
れた生息場所が，その生物の現実の生態的地位である。
　具体的にとらえにくい部分もあるが，この生態的地位の概念を使うとさ
まざまな生態現象を簡潔に整理して表現することができる。生態的地位
の決定にもっとも関連性の高い生態現象に，競争排除の原理 (competitive
exclusion principle) がある。これは，同一の生態的地位をもつ2種は共存で

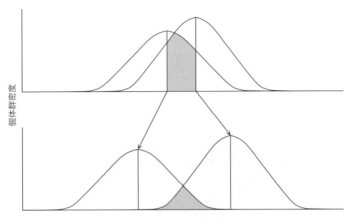

図16　生態的地位を用いた種間競争（競争排除）の説明
生態的地位に重なりがある2種間では種間競争が起こり，重なり部分
ではいずれか一方の種が排除されて生態的地位の重なりが小さくなる
ように変化する（Whittaker, 1975をもとに作図）。

きないということで，つまり，生態的地位が類似した2種が同じ場所に存在
すると，いずれか1種が生き残り，他方はその場所から排除されてしまうと
いう原理である。2種の生態的地位が類似している場合，2種のいずれかが
その場所を占め，もう一方の種が完全にその領域の外に押し出されてしまう
場合があるが，別の可能性として，両方の種がおのおのの生態的地位の領域
を変化させて領域の重なりを小さくするように，つまり種間競争を回避す
るように生態的地位が変化することがある（**図16**）。このような場合，「競争
排除」とはいっても領域の重なりをずらすように生態的地位が変化するだけ
で，いずれか一方の種がその生態系から消滅するわけではない。なお，保全
生物学では種の絶滅は重要な問題であり，種の保全を考える際にはこのよう
な生態的地位の変化や消滅を議論する必要がある。
　種間競争が起こる場合の競争排除や生態的地位の変化についての一例と
して，生物群集に外来種（alien species, introduced species）が侵入した場合を
考えてみよう。ここで，外来種というと国境を越えて侵入して定着した帰化
種（naturalized species）をまず思い出すが，決して国境を越えた生物だけを指

すのではなく，国内でも，たとえば北海道には分布する種が九州に侵入すれ
ばこれも外来種である。さらに，大陸，島，河川，湖沼などの地理的スケール
や，一つの河川流域でも支流や上流域と下流域のような地域的な小さなス
ケールまで，さまざまなスケールで外来という概念がある。また，種として
外来の生物が侵入するほかに，同じ種でも遺伝的に異なった個体が外部から
侵入すれば，これも外来生物となる。このように，外来種（生物）を考える場
合には，地理的スケールと遺伝的スケールでさまざまな場合を考える必要が
あるが，ここではもっともわかりやすいケースとして，ブラックバスなど，
従来その生態系には生活していなかった生物をイメージして考えてみよう。

　ある河川にブラックバスが初めて侵入したとする。この場合，在来の生物
群集に何が起こるかについて，生態的地位を用いて次の4つのケースで説
明できる。

　第一は，ブラックバスが空いている生態的地位を占める場合である。これ
は，もともとその河川に肉食魚がまったく存在しなかった場合で，ブラック
バス自身が最初の肉食魚としてその生物群集で新しい生態的地位を獲得す
ることになる。このケースは肉食魚でなくてもあてはまる。カナダのある湿
地の湖沼には，日本から持ち込まれたキンギョが繁殖している。キンギョが
占めるべき生態的地位が空いていたため，外来種として定着したものであ
る。日本の天然の湖沼ではキンギョを放流しても，後述の第三のケースで示
すようにその湖沼にすでに生息する魚類に排除されてしまうため，定着する
ことはまれであろう。

　第二のケースは，侵入した外来種が現存する種を排除し，その生態的地位
を奪う場合である。これは，ブラックバスがすでにその生態系に存在する他
の肉食魚を排除して定着する場合であり，肉食魚という同様な生態的地位を
占める種が入れ替わることになる。

　第三のケースは，侵入した外来種が現存する種に排除される場合である。
これは，第二のケースの逆で，在来の肉食魚によってブラックバスの侵入が
阻まれる。第二，第三のケースは競争排除の例といえよう。

　最後に第四のケースは，外来種と在来種（indigenous species, native species）
が共存する場合である。たとえば，食べ物を変えたり，棲む場所を変えたり

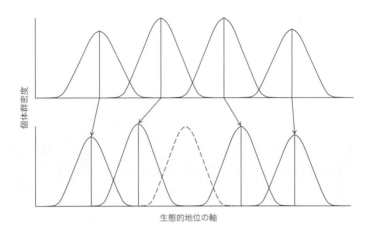

図17　外来種の侵入に対する生態的地位の変化
ある生物群集に外来種が侵入した場合に起こりうるケースの一つで、これまで群集内に生息していた種が生態的地位を譲りあい、空いた生態的地位を外来種が占めるようすを模式的に示す（Whittaker, 1975をもとに作図）。

することで、生態的地位を表す領域を分割して、外来種と在来種の両種がともに生息できるようになる。

　この、第四のケースについて、図式化して説明しよう（**図17**）。まず、すでに存在する生物群集の生態的地位の隙間に外来種が入り込む。実際の生物群集にはさまざまな種が存在するが、互いに席（位置）を空けて、その空いた生態的地位に外来種が席を獲得する。外来種が侵入して間もない時期は在来種との生態的地位の重なりが大きいため、重なりの部分で種間競争（次項）が激しく起こる。種間競争の結果、重なり部分での両種の数が減少し、やがて重なりが小さくなり競争が緩和される。このように、生態的地位の重なりが小さくなることで種間競争を避け、外来種を含む新しい生物群集が構成されることになる。

種間競争

　同じ場所に生息していて、同じものを食べる複数の種、つまり生態的地位が重なっている種の間では、食べ物や生活空間などの資源をめぐって種間競

争が起こる。種間競争が実際に起こっているのかどうかを確認するのは難しいが，まず実例として2種のケイ藻についての実験を紹介しよう（**図18**）。

ケイ藻は生育にケイ酸を必須要素とするため，培養液中にケイ酸を添加する必要がある。この図には，個体群密度（水1mL中のケイ藻の個体数）と培養液中のケイ酸濃度の時間変化が示されている。それぞれの種を単独で培養した場合，個体群密度の増加とともにケイ酸は吸収されて減少する。やがてそれ以上ケイ藻が増殖できない密度まで到達すると，それ以降ケイ酸濃度は変化しない。この状態でのケイ酸濃度を種A（*Asterionella formosa*）と種S

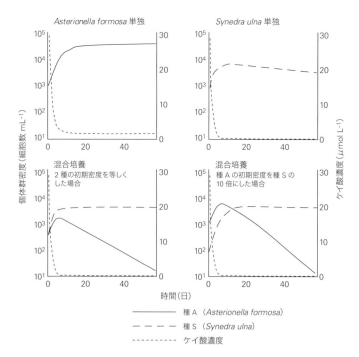

図18　ケイ藻2種の種間競争

2種のケイ藻，*Asterionella formosa* と *Synedra ulna* をそれぞれ単独で培養した場合と混合して培養した場合の個体群密度の変化，および培養液中のケイ酸濃度の変化を示す。より低いケイ酸濃度で生育可能な *Synedra ulna* は，初期密度にかかわらず2種間の競争に勝つ（Tilman *el al.*, 1977を改変）。

(*Synedra ulna*) の2種で比較すると, 種Aのほうが種Sより高かった。この違いが2種を混合して培養した場合に重要となってくる。混合培養の結果は, 2種の初期個体群密度を等しくした場合, 種Sが種Aとの種間競争に勝ち, 種Aが排除される。次に, 種Aを種Sの10倍の個体群密度に設定して培養したが, やはり種Sが競争に勝った。これは, 種Sはケイ酸が低濃度になっても吸収することができることから生じる結果である。すなわち, 種Aがケイ酸を吸収しきった培養液中でも種Sは残っているケイ酸を吸収して増殖することができるが, 種Sが限界までケイ酸を吸収した残りの培養液中では種Aはもはや生育することができない。したがって, 2種の初期の個体群密度の差にかかわらず, 種Sが種間競争に勝つのである。

次に, 湿生植物 (hygrophyte, helophyte) である, 2種のガマの競争につい

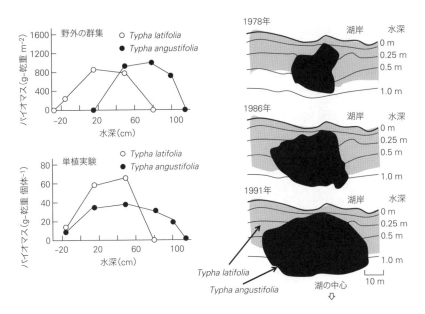

図19 ガマ属植物2種の種間競争

2種のガマ属植物, *Typha latifolia* (種TL) と *T. angustifolia* (種TA) の野外, および単独栽培での水位によるバイオマスの変化 (左), および2種の分布の経年変化 (右) を示す。単独栽培での最適水位は両種で共通であるが, 混生させると, より水深が深くても生育可能な *T. angustifolia* が水深が深い場所で群落を拡大する (Weisner, 1993を改変)。

31

てみてみよう（**図19**）。ガマは，根を水底の土壌にはり，葉を水面より上に出す抽水植物（emergent plant）である。2種のガマを，それぞれ単独で水深を変えて栽培した場合，もっとも良い成長を示すのは，どちらも40 cmの水深の場所である（**図19左下**）。ところが，2種を混合して栽培すると，お互い生態的地位を譲りあい，種TA（*Typha angustifolia*）はより深いところ，種TL（*T. latifolia*）はより浅いところでもっとも良い成長を示すようになる（**図19左上**）。これは，単独で栽培したときの結果，すなわち基本的生態的地位で種TAは種TLと比較してより深い水深の場所でも比較的良い成長を示すことから，2種が同時に生育するような場所では，水深が深い場所では種TAが種TLより有利であることがわかる。逆に水深が浅いところでは種TLが種TAより有利となる。最適な生育環境は2種に共通しているが，このような場所で両種が共存すると種間競争が激しく起こり，2種ともに不利となる。そこで，激しい種間競争を避け，生態的地位の重なりをずらすことで両種の共存を可能にしていると考えられる。

　動物の種間競争の例として，2種の巻貝の観察結果について示す（**図20**）。それぞれの巻貝の長さ（長径）を，種u（*Hydrobia ulvae*）の単独生息地（9ヶ所），種v（*Hydrobia ventrosa*）の単独生息地（8ヶ所）で比較すると，これら2

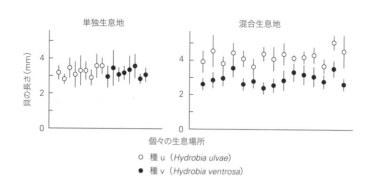

〇　種 u（*Hydrobia ulvae*）
●　種 v（*Hydrobia ventrosa*）

図20　2種の巻貝の種間競争による形質変化

2種の巻貝，*Hydrobia ulvae*と*Hydrobia ventrosa*はそれぞれの単独生息地での平均個体長はほぼ等しいが，混合生息地における平均個体長は，*H. ulvae*のほうが*H. ventrosa*より大きくなるような形態変化が起こる（Saloniemi, 1993を改変）。

種の長さはほぼ等しいことがわかる。一方，混合生息地での計測結果をみると，種vより種uのほうが大きい。また，それぞれの単独生息地での計測値と比較すると，種uはより大きく，逆に種vはより小さくなっている。同様に，図には示さないが両種の密度がさまざまに異なる場所での計測結果から，種vが種uのつくる群集に侵入してくると，種uはしだいに大きくなることがわかった。大きさ（形質）が変わることによって，たとえば食物とするものの大きさも変化し，結果的に食物をめぐる競争が回避される。なお，この形質変化は種uが種vと共存することで個体そのものの大きさに変化が起きるようにみえるが，実際は個体群の中で，激しい競争状態にある両種の個体が排除され，競争状態にない大きな種uと小さな種vの個体が生残するため，平均的な個体サイズに差が生じると解釈される。

捕食と被捕食の関係

　生態系の食物連鎖の中で，他の生物を食うもの，すなわち天敵となる種を捕食者（predator），逆に，食われるほうの種を被捕食者（prey）とよぶ。捕食者と被捕食者との関係として，*Paramecium caudatum*（ゾウリムシ）（被捕食者）と *Didinium nasutum*（ミズケムシ）（捕食者）の関係を例として紹介しよう（図21）。ゾウリムシはロジスティック曲線に従って増殖するが，あるところから減少する。これはミズケムシに捕食されたことを示す。ゾウリムシを捕食することでミズケムシは増加するが，ゾウリムシを食べつくすとミズケムシも減少し，やがて絶滅する。この培養液にグラスウールを入れると，2種の関係が変化する。すなわち，グラスウールがゾウリムシの隠れ家となる。ミズケムシは隠れているゾウリムシを完全に捕食してしまうことはできないので，被捕食者の減少にともなってしだいに減少し，やがて絶滅する。一方で，ゾウリムシは天敵がいなくなることによって生き残り，再び増殖を開始する。また，培養液にゾウリムシとミズケムシを定期的に加えると，2種は周期的な変動を示す。

　ゾウリムシとミズケムシの個体群密度の周期的な変動は人為的にコントロールすることによって達成されたものであるが，自然な周期変動を示す例として，アズキゾウムシ（被捕食者）とコマユバチ（捕食者）の関係が知られている（図22）。これら2種の個体群密度は周期的に変動するが，捕食者は

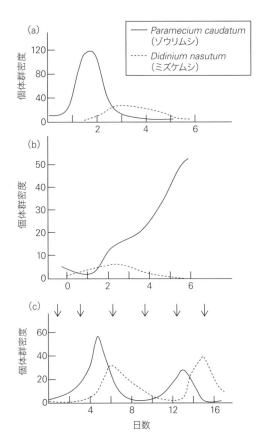

図21　ミズケムシとゾウリムシの捕食−被捕食の関係

(a) 均質な培養液中では，被捕食者（*Paramecium caudatum*；ゾウリムシ）が食いつくされた後，捕食者（*Didinium nasutum*；ミズケムシ）も死滅する。(b) ゾウリムシが隠れることができるグラスウールを培養液中に入れると，ミズケムシが死滅した後，捕食をまぬがれたゾウリムシが増殖する。さらに，(c) 3日ごとにミズケムシとゾウリムシを1個体ずつ培養液に加えることにより（矢印），両種の周期的な個体群密度の増減がみられた（Gause, 1932を改変）。

被捕食者に少し遅れて増減する。

　このような捕食者と被捕食者との関係をモデル化したものが，Lotka −Volterra の捕食・被捕食モデルである（**図23**）。横軸に被捕食者の個体数，縦

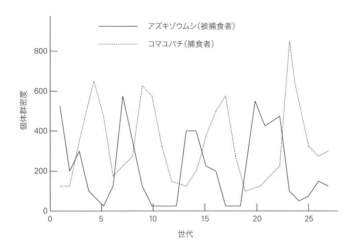

図22 アズキゾウムシとコマユバチの種間関係

アズキゾウムシ（*Callosobruchus chinensis*）とコマユバチ（*Heterospilus prosopidis*）の個体群密度は周期的に変動し，コマユバチの個体群がアズキゾウムシの個体群に遅れて変動する（Utida, 1957 を改変）。

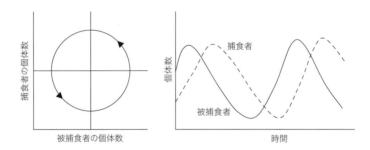

図23 捕食と被捕食の関係にある2種の個体群の時間変動の模式図

捕食者と被捕食者の個体群密度の時間変化の軌跡は円となり，時間の経過に対して捕食者の個体群が被捕食者の個体群に遅れて周期的に変動する（Begon, Harper & Townsend, 1996 をもとに作図）。

軸に捕食者の個体数をとり，両種の個体数の時間変動を座標上に示すと閉じた円になる。円は時間的な変動を示している。すなわち，被捕食者が増えれば捕食者も増え，捕食者が増えると被捕食者が減少して捕食者も遅れて減少する。このような増減を座標上に示すと，その時間変化の軌跡は円となる。

寄　　生

　捕食と被捕食の種間関係と同様に，2種のうち一方が利益を得，他方が損失をこうむる種間関係に，寄生 (parasitism) がある。これは，ある生物が別の生物の一部分に宿って生活する関係であり，寄生する種 (寄生者) が得をして，寄生されるほうの種 (寄主あるいは宿主) が損をする。寄生の関係が捕食と被捕食の関係と異なる点は，寄生者にとって寄主を死滅させることが不利になる点である。捕食と被捕食の関係が捕食者が被捕食者を殺して食べることによってエネルギーを得ることと比較して，寄生の関係では基本的には寄主を殺すことが寄生者にとっても自己の死滅につながり，寄生者にとって不利になる点でこれらの関係とは異なるといえよう。

　寄生する側でよく知られているのは，ウイルスや細菌，菌類，原生生物などの微生物 (多くは病原微生物) であるが，植物 (ヤドリギ類) や動物にも他の種に寄生する例が多くある。とくに動物に寄生する生物には，魚などの動物を寄主とする吸虫類，サナダムシ類，線虫類，鉤頭虫 (コウトウチュウ) 類や，植物を寄主とするセンチュウ類 (ネコブセンチュウなど) や昆虫類 (虫こぶをつくるアブラムシやハチの仲間など) など多くの例をあげることができる。寄生される側の生物は，原核生物から真核生物までほとんどすべての種をあげることができる。

　ここで，寄生の例として，果実を黒く腐敗させる炭疽病を引き起こす病原微生物 *Colletotrichum gloeosporioides* と植物との関係 (とくに病原体が生体内に侵入する寄生のことを感染という) をあげる。*C. gloeosporioides* は，糸状菌 (かび) の一種で，胞子を産生する。感染は，この胞子がアボカドなどの果実表面に付着することから開始する。胞子は植物の種子と同じように，発芽すべき環境が整うまでは休眠状態を保つことができる。*C. gloeosporioides* の胞子は，自らが果実表面に付着したかどうかを基質 (付着表面) の堅さを感知することで知ることができる。つまり果実表面以外で発芽しても感染できないため，正しい感染対象の表面に位置しているかどうかを発芽するための判断基準としている。しかし，樹上にある果実や収穫後間もない果実は未成熟で，他の部位と同様に堅い組織とクチクラ層で守られているため，胞子が発芽しても容易に侵入することはできない。そこで，果実表皮に付着し

た *C. gloeosporioides* の胞子は，組織が軟化し，感染が容易になる時期，つまり果実の成熟のタイミングを待つことになる。

では，胞子は何を指標に果実成熟のタイミングを知ることができるのだろうか。*C. gloeosporioides* の胞子は，成熟する際に生成される果実の「成熟ホルモン」であるエチレンを感知して，感染のタイミングをはかることがわかっている。つまりエチレンを感知した胞子は，発芽して付着器とよばれる感染のための組織の形成を開始する。この一連のプロセスを堅い未熟な果実の上でおこなっても感染は失敗し，胞子は死滅してしまう。したがって，果実が自らの成熟をスタートさせるのに必ず必要とするエチレンの合成を開始したかどうかを指標に感染をスタートさせるのは非常に合理的な戦略であるといえる。

植物の防御応答も巧妙である。胞子由来の物質（一般にエリシターとよばれる）を感知すると，感染を未然に防ぐための一連の防御反応が開始される。病原微生物が感染を試みた部位での局所的な反応として，積極的に植物組織が死滅する過敏感反応が起きる。病原微生物を死んだ組織内に封入する作戦である。一方，それ以外の全組織では，さらなる病原微生物の侵攻を防ぐための生化学反応が進行する。これには *C. gloeosporioides* をはじめとする病原微生物に対抗した多数のタンパク質の遺伝情報をもった遺伝子が発現するが，この現象は全身獲得抵抗性とよばれる。

このように，自然界では病原微生物と植物との間で巧妙な駆け引きが繰り返されている。

第4章 共生系による生態系の安定化
Chapter 4

古典的共生と最新の共生概念

a. 古典的「共生」

　共生 (symbiosis, mutualism) とは何であろうか？　共生は長い間, 2種 (あるいはそれ以上) の異なった生物が役割を分担し, 相互に依存することで双方に利益がある生物共同体という「相利共生」と定義され, 生物学的には寄生 (36 ページ参照) の対極にあるものであると考えられてきた。古典的な定義では, 「結び合う生物がお互いに利益を得るか, 少なくともどちらか一方が利益を得ること」として「共生」が紹介されている。この定義は, 他方には不利益がまったくないということを前提にしている。

　しかしながら, 双方が利益を得る状態である相利共生の代表的なものとみなされており, 陸上植物に広くみられるアーバスキュラー菌根菌 (後述, 44 ページ) と植物の菌根形成関係においてでさえ, 一部の菌根菌では植物から光合成産物を供与されるのみで, 植物に利益をもたらさないばかりか, 逆に生育を阻害しているものが存在する事例までがあきらかになってきた。アーバスキュラー菌根菌と植物の関係に限らず, 共生関係にあるとされる2者間においても, 居候をとおり越して「寄生」にある実態が頻繁に報告されるようになるにつれて, 共生と寄生はコインの裏と表の関係であることが理解されはじめ, 共生の定義も大きく変動することになった。現在では, 生物の種間における「共生」という関係は, 相利共生や寄生, 中立までも含んだ, 同一空間で共存する関係を示す概念として認識されるようになってきた。実際, 生活史の中で寄生者のふるまいが劇的に変動する例がたくさん見いだされていることからみても, 共生と寄生の線引きは非常に難しい。

　では，古典的な狭義の「共生」，つまり相利共生とはいかなるものであろうか？　どのようなものに例えられるであろうか？　相利共生は，われわれが職業としての役割分担をはたし，その報酬として給料をもらい，その貨幣を食料品やその他の生活必需品に交換して生活を成り立たせている人間社会の相互依存システムと類似したものと考えることができる。現在の人間の貨幣経済社会では，資本や資源がそのシステムを動かしているが，これら資本や資源の多くは，食材や土地，貴金属，化石資源のような偏りをもって地球に分布しているものである。その偏りが，手に入れにくい個人や集団には価値になり，交易や権利獲得に発展する。人間社会での征服や支配は，生態系システムでは寄生や感染というカテゴリーに近いものであろう。これに対し共生は，信用と利益の共有によって資源（商品）の供給・交換が活発におこなわれることで，相互発展している貨幣経済システムにより発展する交易都市に類似したものであると考えられる。不動産業やサービス業のような時間や空間の貸し与えにより利益を生じるシステムも，共生ではニッチの拡大や活動期間の長期化というかたちで認められるようである。

　共生の場合，生活必需品にあたるものが生きていくためのエネルギー源（有機物）だとすれば，その有機物を得るために，植物と共生する生物が貨幣として生産者（植物）に渡すものは，おのずと生産者の生命維持に必要不可欠なものにならなければならない。多くの場合，根粒細菌や菌根菌は寄主の植物から有機物を得るために，それぞれ窒素やリンを取引に用いている。したがって，共生者（寄生者）は寄主にはない能力をフルに発揮しながら，寄主から対価を受け取るための義務をはたし，寄主は寄生者から貨幣を受け取ることで寄主としての責務を担っていることになる。

b. 相利共生と片利共生

　マメ科植物と根粒細菌の関係（第6章，63ページも参照）は，非常によく知られている共生系の例である。植物が根粒細菌に光合成産物（有機物）を与えるのに対し，根粒細菌は空中窒素（N_2）を固定したアンモニウム態窒素（NH_4^+）をマメ科植物に与える。この関係は，自らはつくり得ない栄養素を互いに提供しあい，総生産量（gross production）を飛躍的に向上させるという典型的な共生の姿を示しているため，相利共生を理解するうえで，わかり

やすい事例となっている。マメ科植物と根粒細菌は，それぞれが単独でも生活できるにもかかわらず，マメ科植物は自身の根の発達を抑えてまで，また，根粒細菌は自由生活を放棄してまでも共生という関係を成立させている。つまりマメ科植物の根粒形成とは，何かを犠牲にしてまでも共生するに足る何かが得られるという，「相利共生」関係をつくり上げているのである。このような相利共生を狭義な意味での「共生」とよび，本来の共生とはこのような場合に限られるとする認識もまだ根強く残っている。ただ，根粒細菌にとって"自由に生きる"（free-living）ことがどれほどの価値をもつかはわからない。

　対して，クマノミとイソギンチャクの「共生」では，クマノミは確かにイソギンチャクに「外敵からの防御」という，自身では得がたいものをもらっていると考えれば，これはイソギンチャクのサービスという形の商品に似たものであるともいえなくはない。しかしながら，イソギンチャクの触手にある毒針に冒されないために，クマノミは特殊な粘性物質を体表面から分泌して自身の身を守っている（Mebs, 1994）。この状況から判断すれば，クマノミとイソギンチャクの関係は，根粒細菌とマメ科植物の関係よりもはるかに緊張感があることになる。この場合，クマノミは「共生」しているというよりも，イソギンチャクの触手のジャングルに「適応（adaptation）」しているという考えのほうが妥当であるかもしれない。イソギンチャクがクマノミから利益を得ているかどうかについては，少なくともクマノミが自らすすんでイソギンチャクの餌となる魚をおびき寄せるということは知られておらず，クマノミが居つかなければイソギンチャクが子孫を残せず滅んでしまうということもない。つい最近，水槽の中を集団で泳ぐクマノミの稚魚を水族館で眺める機会があったが，これらがイソギンチャクの力なしには生きられないほどのか弱い生き物だとはとうてい思えなかった。最新の概念では，これらは「片利共生」の関係にあるといえる。それならば，珊瑚礁のサンゴとそれを隠れ家にする無数の小魚との関係や，あるいは駅前の常緑広葉樹とそれをねぐらにするスズメやムクドリとの関係も「片利共生」なのか，との疑問も当然わいてこよう。生態学的な意味では，「共生」はこれらをも受け入れることができるほど器の大きい概念ということになる。

c. 土地と植生との「共生」

　広い意味での「共生」には，生物どうしの関係という枠を越えて，さらに
スケールの大きいものがある。たとえば，シベリアの永久凍土 (permafrost)
とカラマツ林 (タイガ；taiga) の関係を，永久凍土とカラマツの「共生」と
よぶことがある。永久凍土はカラマツ林とその林床に生えるコケモモの
シェード (遮蔽；shade) ならびに空気を多く含んだコケモモの分厚いルート
マット (root mat) によって夏季の長時間の日射から守られ，溶解が抑えられ
ていることが指摘されている (Koike et al., 1998)。北斜面は南斜面に比べて
森林の生産性が高く，またコケモモルートマットも厚さを増していた。永久
凍土には透水性がほとんどないため，春季から夏季にかけて氷雪や永久凍土
表層の融解によって生じた土壌水分は地下に浸透しない。したがって，1年
を通してほとんど雨が降らないにもかかわらず，コケモモに守られた永久凍
土は植物の成長に十分な水分を，活動層とよばれる夏季溶解凍土から供給す
ることができる。さらにこのコケモモ群落は，カラマツのリター (落葉落枝；
litter) 供給によって維持される。すなわち，コケモモはカラマツ林と永久凍
土を結びつける役割をはたしており，これら3つのうちのどれが欠けても
永久凍土上のカラマツ林はいずれ消滅してしまうことになる。

　熱帯泥炭湿地林 (tropical peat swamp forest) と熱帯泥炭土壌 (tropical peat
soil) の関係もシベリアのカラマツ林と類似のものとみなすことができる。
インドネシア・カリマンタン島の熱帯泥炭林では，中強酸性 (pH 3.0 〜 4.5)
を示す木質泥炭が湿地に蓄積する。この熱帯泥炭林を構成する樹種は木質泥
炭湿地によく適応しており，酸性耐性が強く，また貧栄養に対処する術をもっ
ている。この，熱帯泥炭林が自身でつくり上げた熱帯泥炭湿地林生態系は，乾
燥や鉱物質土壌を好む樹種の侵入を許さないため，これらによる排除を受け
ることもなく，木質泥炭原料を表土に供給しつつ，棲み心地のよい木質泥炭
地を維持し続ける。この土地を無秩序に開墾しても，作物は灰分の供給がな
ければほとんど収穫できず，植林もままならない状態が生じる。とくに開墾
のために排水をおこなうと，地表面が乾いて土壌水分の保持が困難になり，
乾いた裸地がむき出しになる。この状態では，強烈な日射と溶脱しきった熱
帯泥炭土壌に耐えることができるシダや一部の草本類が純群落 (monospecific

community, pure stand) を形成するのみになる。したがって, 熱帯泥炭環境に適した樹種が自身でつくり上げた木質泥炭土壌上に成立する熱帯泥炭林は, その木質泥炭土壌と「共生」することで自身の生態系を維持しているといえる。

生態系における共生系
a. 窒素供給に関するもの

　土壌細菌による有機物分解の過程で土壌中に遊離されるアンモニウムイオン (NH_4^+) やこれが硝酸化成 (硝化) を受けた硝酸イオン (NO_3^-) などは, 植物が利用できる可給態窒素 (available nitrogen) とよばれる。これに対し, 空中窒素 (nitrogen gas, N_2) は植物をはじめほぼすべての真核生物 (eukaryote) が固定・利用できないため, 区別されている。ほとんどの生態系における窒素供給は, 有機態窒素の無機化をおこなって可給態無機窒素を供給する分解者 (微生物) に頼らざるをえない。また, 窒素固定 (nitrogen fixation) 微生物 (単生窒素固定細菌) の多くは従属栄養であるから, 土壌に豊富な炭素源があってはじめて窒素固定能力を発揮する。その微生物自身が死ぬ (死菌) と, その体を構成していたタンパク質や核酸塩基はただちに他の従属栄養の微生物によって分解され, その結果, この土壌に可給態窒素の供給がもたらされることになる。ところが, もし土壌そのものが未熟で, 土壌中にほとんど有機物が存在しない場合, このサイクルは成り立たないため, 光合成によって有機物を合成 (炭酸同化) できる藻類や高等植物が可給態窒素を供給できる単生窒素固定細菌と共同体 (consortium) を結成することで, その土地に有機物を蓄積し, 成熟した土壌をゆっくりと形成していく。これも一種の共生である。ただ, 一方がいなければ他方が成り立たないほどに相互依存したものではないため, その組み合わせは同じ地域内でもさまざまである。

　大規模な土木工事などによって山や丘が削り取られたり整地された裸地や崩落地は, いわゆるもっとも未熟な土壌の部類に入るが, こういう土地にも徐々に植物が侵入し, 最終的には森林へと遷移していく (第8章)。このような未熟な土壌に最初に侵入できる植物をパイオニア種 (pioneer species) とよぶが, それらの多くは風散布によってとても小さい種子を大量にばらまき, 一年生または二年生草本が圧倒的多数を占める。また, ポプラ類やカン

43

バ類，ヤナギ類，カエデ類などの落葉広葉樹や，マツ類やその近縁の針葉樹など，木本植物もしばしばパイオニア種になる。

　近年では草本性のパイオニア種のほとんどが外来植物で占められるようになってしまった。代表的なものにはセイタカアワダチソウやヒメジョオン，ヒメムカシヨモギなどのキク科植物，ギシギシやスイバなどのタデ科植物がよく知られている。これらの植物では，未熟な土壌に落ちた微小な種子がいったん発芽すると猛烈な勢いで根を伸ばす能力をもち，数日で土壌から水分を安定して得ることができる深さ（5 〜 10 cm）に達することもある。風にのるほど小さく軽量な種子は胚乳（albumen, 発芽のときに養分となる）の量もわずかで，発芽後の地上部はあまり育たない。未熟な土壌では，可給態窒素の供給源を探索することも容易ではない。そこで，根面に付着するかあるいは根圏に棲息する単生窒素固定細菌が，これら微小な芽生えの根面での窒素供給や根圏環境の維持に一役かっている。単生窒素固定細菌は光合成産物を供給してくれるパイオニア種の根を格好の棲みかとし，またパイオニア種はこれらの窒素固定細菌が死菌となって放出する無機窒素分を窒素源として活用する。その結果，植物の根を中心に土壌の有機物蓄積が増え，未熟な土壌に利用可能な資源のプールが形成されていくことになる。したがって，遷移の初期に侵入するパイオニア種から，遷移の最終段階である極相に至る種の交替がゆるやかに起こるような系の安定な変遷には，このような土壌微生物群集の遷移も大きな役割をはたしている。

b. リン酸供給に関するもの

　多くの植物では，根が十分に生育し，展開すればここにアーバスキュラー菌根菌（AM 菌；arbuscular mycorrhizal fungus）が共生する。この菌類は，植物の根の細胞内にアーバスキュルとよばれる細かく枝分かれした樹枝状（arbuscule）あるいはのう状（vesicule）の菌糸を形成するため，かつては内生菌根菌（endomycorrhizal fungus）あるいは二つの菌糸の形状の頭文字をとって VA 菌根菌とよばれていた。これら共生菌の歴史は古く，植物が陸上への進出をはたした 4 億年前の植物化石からすでにその共生を成立させていたことを示す痕跡が見つかっている。AM 菌の主な貢献は，水分とリン酸を土壌から幅広く吸収し，アーバスキュルを介して植物に安定供給することであ

る。実際に，リン欠乏に陥りやすい酸性土壌に適応したパイオニア種や半乾
燥地帯のイネ科植物では，ほとんど例外なく AM 菌が菌根を形成しており，
水やリン吸収における補助を受けていると考えられている。

　AM 菌と共生しない植物がアブラナ科やタデ科，アカザ科，カタバミ科な
どいくつかの科に偏って知られている。なぜ AM 菌を拒むのかはこれから
の研究を待つにしても，これらの植物がほぼ例外なく非常に細かな細根を形
成する植物であること，タデ科やカタバミ科ではシュウ酸を根に貯めるもの
が多く知られていること，アブラナ科では根にイソチオシアネートをもつこ
となどが特徴としてあげられることは注目すべきである。すなわち，これら
の植物の多くが独自のリン酸獲得戦略を開拓しているため，荒れ地に最初に
侵入できるパイオニア種になっている。

　マツタケがアカマツの林に生えることはよく知られている。これは外生
菌根 (ectomycorrhiza) とよばれ，多くはキノコ類に代表される担子菌による
ものである。担子菌は胞子を広く散布して増えるが，共生する植物との関係
は比較的緊密である。ラクヨウキノコ（ハナイグチ）ならカラマツ林，オオ
ツガタケならツガ，ムラサキヤマドリやホンシメジならコナラやクヌギ，ベ
ニテングダケならシラカンバというように，共生できる樹木の選り好みが
激しい。そのため，共生の進化は AM 菌よりも遅いと考えられる。しかしな
がら，外生菌根菌の役割は，物質循環のための落ち葉の分解，水分供給，リ
ン酸の可溶化，有機物分解によるアンモニアの供給など，樹木の生育に重要
なものが多い。とくに rock eating fungi とよばれる外生菌根菌ではシュウ酸
を放出して岩石を溶かし，直径 10 ミクロンほどの孔をあける。その細孔に
入り込んだ水が冬季に凍結・膨張し，岩石を徐々に破壊する原動力となる
(Jongmans, 1997)。堆積岩のみならず火山岩や変成岩にまでやすやすと菌糸
の孔をあけることができるため，外生菌根菌は植物へのリン酸供給に特別な
役割をはたしていると示唆されている。

共生が生態系の安定化にはたす役割

　これまで述べてきたとおり，単独では生存しえないような負荷のかかる環
境においても，植物は微生物との共生によってその成育が可能となるケース

が多数報告されている。たとえば土がほとんどない岩山で、クロマツやストローブマツなどの大型の樹木が生育できることが知られている。その原動力が、外生菌根菌であることが指摘されたのは、それほど古い話ではない。先にも述べたとおり、外生菌根菌の生物的作用で岩石の風化がより進むことによって、土壌のもととなる砂やシルト、粘土が供給されることになる。ここに有機物が供給・堆積され、その結果、共生が生態系を豊かにする原動力となっているわけである。

　未熟な土壌がつくられると、そこに侵入したパイオニア種は土壌の有機物含有量を高め、その土地の負荷環境を緩和する。土壌有機物量の増加に伴って、腐植を分解する土壌微生物（細菌、糸状菌）や腐植を餌とする土壌動物（ミミズやワラジムシの仲間、微小昆虫類など）が定着し、それらを捕食する肉食甲虫類なども侵入する。このようにして、複雑で多様な生物（生産者と消費者、分解者）からなる相互依存システムがつくり上げられる。これは人間社会で、一つの産業が別の基幹産業に支えられつつ、また別の産業を支えているのと類似したシステムである。たとえば、自動車メーカーが、タイヤ製造メーカーやガソリン小売業を支えつつ、鉄鋼メーカーなど素材メーカーや部品メーカーと持ちつ持たれつの関係にあるようなものを考えればよい。その相互依存システムは、多様性が高ければ高いほど安定な緩衝能力をもつようになるため（相互依存、相互扶助）、安定な生態系そのものが「共生」であるととらえることも可能である。

　共生が生態系の安定化に大きな役割をはたしているとの考えは、広く受け入れられている。しかしながら生物間のつながりによって成立している生態系そのものが、バランスが保たれた「共生」であるとの見方をすれば、生態系の理解はさらに進むものと思われる。

第5章

生態系とエネルギー

一次生産量

　生態系の中で最初にエネルギー，すなわち生物がエネルギー源として利用できる有機物を生産する主な生物は，太陽光エネルギーを用いて有機物を生産する光合成をおこなう植物である。一次生産 (primary production) とは，最初にエネルギー物質 (有機物) を生産するはたらきのことであり，緑色植物は生産者とよばれる。緑色植物が光合成 (photosynthesis) により生産した有機物量のことを一次生産量といい，単位時間 (たとえば年間) での一次生産量を一次生産速度と定義する。有機物は，生態系の中のすべての生物が生きていくために不可欠な物質であり，人間社会での通貨のようなものである。正確には，化学物質を酸化する際に発生するエネルギーを用いて有機物を合成 (化学合成) する化学独立栄養 (chemoautotrophy) 生物も生産者であるが，生態系での一次生産量を考える場合には，圧倒的に高い割合を占める緑色植物の光合成による物質生産で評価されるのが一般的である。ただし土壌生態系や，深海底などは化学独立栄養生物による一次生産に大きく依存していると考えられている。本章ではとくに断りのない限り，緑色植物による一次生産を中心とした生態系について述べる。

　一次生産量，もしくは一次生産速度は合成された有機物量で測るが，これは有機態炭素量や，簡便には乾燥重量として表される。

　一次生産量は，光合成でつくられた全有機物量である総一次生産量 (gross primary production) と，総一次生産量から植物が生きるために最低限必要な呼吸量を差し引いた純一次生産量 (net primary production) の二つの概念で評価さ

れる。これらの関係は,

　　純一次生産量＝総一次生産量－呼吸量

の式で示される。総一次生産量とは光合成で生産されたすべての有機物量
のことであり, さしあたり人間の経済社会での税込みの所得の概念である。
純一次生産量とは正味の生産量のことで, 生きるために最低限必要な呼吸量
を差し引いた, いわば生物が自由に利用できる有機物量のことである。呼吸
量を税金にたとえれば, 純一次生産量は手取りの所得ということになろう。
　一次生産量は, あくまでも生物群集で生産された有機物量であるが, その
はたらきは光合成によるものであるので, 個々の葉の光合成の活性と一次生
産速度とは関連をもっている。個葉 (1枚の葉) の光合成速度は,

　　純光合成速度＝総光合成速度－呼吸速度

で示され, 先の一次生産量の式と対応する。一次生産速度や光合成速度は環
境要因により変化する (図24)。たとえば, 温度に対する応答をみると, 光合
成速度, 呼吸速度は温度に依存して変化し, それに伴って純光合成速度も変
動するが, この純光合成速度が植物の成長速度とよく似た温度依存性を示
し, 植物の成長が純光合成速度に相当する有機物生産によっておこなわれて
いることがわかる。このように個葉の光合成速度は純一次生産量に対応す

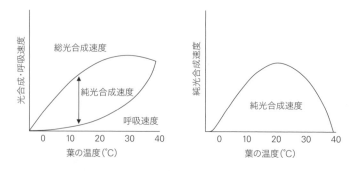

図24　植物の個葉の光合成速度と呼吸速度の温度依存性の模式図
　　　　葉温の変化に対して総光合成速度と呼吸速度が変化し, これらの差で
　　　　ある純光合成速度には最適値が存在する。

るが，総一次生産量を考える場合には，植物体でも光合成をおこなわない部分，たとえば幹や根の呼吸量を差し引くことになり，個葉の光合成速度とは異なることに注意しなくてはならない。

　総一次生産量は植物群集による生産量であるが，これは同時に生態系全体の総一次生産量でもある。純一次生産物質，すなわちエネルギー物質は，植物体の構造をつくったり，また種子，果実をつくって子孫を残すために使われる。このようにしてつくられた植物体の一部は，植物食の動物（草食動物，植食動物）に摂食される。第1章でもふれたが，このような動物のことを一次消費者とよぶ。さらに，一次消費者である動物を捕食してエネルギーを得る二次消費者，二次消費者を捕食する三次消費者と，生態系の中でエネルギー（有機物）が移動していく。このような，エネルギーの移動の経路上にある生産者，一次消費者，二次消費者，三次消費者を栄養段階（trophic level）とよぶ（図1も参照）。また，これらの生物の死骸，もしくは枯死，脱落した葉や枝のもつ有機物を利用する分解者がおり，これらの栄養段階に属する生物から生態系が構成されている。生産者が利用するエネルギーのほとんどは太陽光のエネルギーであるが，これを消費者が他の生物を摂食，捕食することにより得たエネルギーに置き換えれば，一次生産の場合と同様な関係式ができる。すなわち，

　純生産（同化）量＝総生産（同化）量－呼吸量

で示される。ここで，同化（assimilation）という用語がしばしば使われるが，植物における生産と同じ意味で，体内に取り入れた物質を化学変化によりその生物が利用できる物質につくりかえることを指す。

　各個別の栄養段階の，または特定の個体群の生産は上の式で示されるが，これをさまざまな栄養段階を含み，系外からの有機物の流入や流出がないような，すなわち物質収支のうえで安定している生態系でみると，純一次生産量がすべて消費者や分解者により利用されてしまうため，生態系全体での純生産量は0になる。つまり，生産者も消費者もその生物体の一部や全体がより上位の栄養段階にある生物に利用され，これらの生物の呼吸でエネルギーが消費される。また，死亡した生物は分解者により分解され，やはり呼吸に

よりエネルギーが消費される。このように，生態系で生産された有機物は，最終的にはすべて生物の呼吸で消費されてしまうので，生態系全体の純生産量は0になる。安定な生態系である極相（第8章，81ページ参照）に達した森林ではこの関係が成立している。この関係を別の式で記述すると，

　総一次生産量＝生態系内の全生物（生産者，消費者，分解者）の呼吸量

　純一次生産量＝消費者の呼吸量＋分解者の呼吸量

となる。つまり，安定な生態系では生態系で生産された有機物はすべてその生態系内で消費しつくされることになる。発達過程にある森林では，樹木の成長にともなって，おもに木材として有機物が蓄積してゆくため，純一次生産量の一部が樹木の成長に使われ，生態系内に蓄積するため，生態系全体の純生産量は正の値をとる。

光合成と植物の環境適応

　生産者である植物は，動物と異なり移動能力をほとんどもたないため，一度定着すると一生をその場の環境でおくることになる。環境への適応（adaptation）の方法は種によって多様であるが，光環境への適応は，一次生産を高めるためにとくに重要である。

　陸上植物は，もっぱら直射光が当たる明るい場所に生育する陽生植物（sun plant, heliophyte）と，林床など暗い場所に生育する陰生植物（shade plant, sciophyte）とに区分される。裸地に最初に侵入するパイオニア種は陽生植物で，高い光合成活性を示し，純一次生産速度も高い。陽生植物の葉は厚く，光合成をおこなう葉肉細胞（mesophyll cell）が表面（向軸面）側で密に何層にも重積した柵状組織（palisade tissue）を形成し，強い光を効率よく吸収できる構造になっている。このような葉を陽葉（sun leaf）とよび，最大の光合成速度が高く，暗黒条件下での呼吸速度も高い。したがって，光合成と呼吸がつりあう光補償点（light compensation point）の光強度は高い（図25）。また，イネ科植物では葉を傾斜させることにより群落の内部まで光が到達するため，群落全体で効率よく光合成をおこなうことができる。

　林床植物の多くは陰生植物で，薄い大きな葉を水平につけるものが多い。

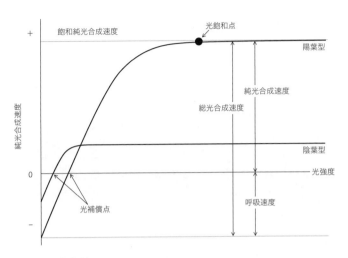

図25 光合成曲線

光強度に対する光合成速度を表したものを光合成曲線という。陽葉型
(陽生植物)の光合成曲線は,陰葉型(陰生植物)のものと比較して,飽
和純光合成速度が高い,光飽和点が高い,光補償点が高い,呼吸速度
(暗呼吸速度)が高い,などの特徴を示す。

表1 陽葉と陰葉の比較

	陽葉	陰葉
光環境	強光環境	弱光環境
葉の構造		
厚さ	厚い	薄い
柵状組織	発達している	発達していない
光合成		
飽和純光合成速度	高い	低い
光補償点	高い	低い
暗呼吸速度	高い	低い

林内は暗いため,弱い光を有効に吸収できるような構造になっている。細胞
が葉の表面でしか光を吸収できないため,柵状組織が発達せず,薄くなってい
る。このような葉を陰葉(shade leaf)とよび,最大の総光合成速度は低く,暗黒

51

条件下での呼吸速度も低い。したがって光補償点の光強度は陽葉に比べて低い。大型の樹木では上部の葉は光がよく当たるため陽葉となり，下部の葉は陰葉となるなど，一つの個体の中で葉の形態や機能が異なることも多い（**表1**）。

　生育場所が固定される植物は，定着後，光環境の変化にさらされることが多い。とくに，その植物個体が他の個体に被陰されるなどして光に関して条件の悪い環境に置かれた場合の応答から，植物の適応を二つのタイプに区分することができる。その一つは，個体が被陰されるとその環境から逃れようとして茎や枝の伸長が促進されるタイプ（shade avoidance），もう一つは被陰された環境で耐え，やがて光環境が改善されるのを待つタイプ（shade tolerance）である。

　生育環境の温度や乾燥条件に対する適応は，光合成の暗反応の代謝反応の違いとして認められる（**図26**）。陸上植物の多くは，大気から取りこ

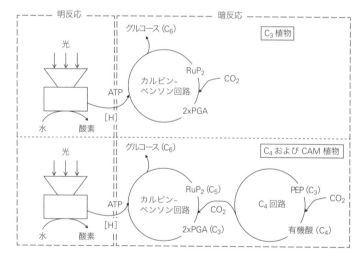

図26　光合成反応の模式図
　　　光合成反応は，光エネルギーを利用してエネルギー物質である ATP（アデノシン三リン酸）と二酸化炭素の還元に必要な還元力（[H]）を得る明反応と，これらを利用して二酸化炭素からグルコースを合成する暗反応からなる。多くの植物はカルビン–ベンソン回路で二酸化炭素をとりこむ暗反応系をもつ C_3 植物であるが，二酸化炭素を一時的に C_4 化合物として貯蔵する反応系をもつ C_4 植物や CAM 植物もあり，これらは高温や乾燥した環境に適応した植物群である。

んだ二酸化炭素を，リブロース二リン酸カルボキシラーゼ／オキシゲナーゼ (RuBisCO) とよばれる地球上に最も多量に存在する酵素によりリブロース-1,5-二リン酸 (RuP_2) と結合させたのち，2分子のホスホグリセリン酸 (PGA) を生じる。PGA は炭素数3個の有機酸であるので，このような反応系 (カルビン-ベンソン回路；Calvin cycle) をもつ植物を C_3 植物とよぶ。

　これに対し，トウモロコシなどでは，大気から取りこんだ二酸化炭素をホスホエノールピルビン酸 (PEP) カルボキシラーゼとよばれる酵素によって PEP と結合させ，オキザロ酢酸，リンゴ酸やアスパラギン酸などの炭素数4個の有機酸を生ずる (C_4 回路)。これらの有機酸の形で一時的に貯蔵された二酸化炭素は，再び解離して C_3 植物と同じカルビン-ベンソン回路の代謝系に入る (Hatch-Slack cycle)。このような代謝系をもつ植物を C_4 植物とよび，およそ500種が知られている。C_4 植物では，C_4 回路を葉肉細胞で，カルビン-ベンソン回路の反応を維管束鞘細胞 (bundle sheath cell) でおこなっている。C_4 植物は二酸化炭素を効率よく取り込むことができるため，非常に高い光飽和点と飽和光合成速度を示し，光合成能力が高い植物である。C_3 植物が光呼吸 (photorespiration, 通常の呼吸とは異なり光照射下で誘起される呼吸で光合成に必要な CO_2 を放出してしまう) をおこなうような高温の環境下でも，C_4 植物は光呼吸による CO_2 の損失を低く抑えることができるので CO_2 不足にならず活発に光合成をおこなうことができる。さらに，高温の環境下では，葉からの水分の損失 (蒸散) を抑えるために，気孔の開きを小さくする必要があるが，このような気孔から二酸化炭素が取り込みにくい条件下でも二酸化炭素を効率よく取り込めるため，C_4 植物は高温の環境下でとても効率よく一次生産を行うことができる。そのため，バイオエネルギーの生産に適した植物である。

　また，C_4 植物の変形として，乾燥した環境に生育するベンケイソウやサボテンなどの CAM (ベンケイソウ型有機酸代謝；crassulacean acid metabolism) 植物があり，100種あまりが知られている。CAM 植物では比較的低温で水分の損失が少ない夜間に気孔を開けて二酸化炭素の固定をおこない，生成したリンゴ酸などを葉肉細胞の液胞に貯蔵しておき，高温となる昼間は気孔を閉じて水分の損失を防ぎつつ夜間固定した二酸化炭素と光を用いて有

機物生産をおこなうというように，一つの細胞内で時間的に機能を分けて光合成をおこなう。細胞内に貯蔵できる二酸化炭素の量には限りがあるので、CAM植物の一次生産度は一般にあまり高くない。

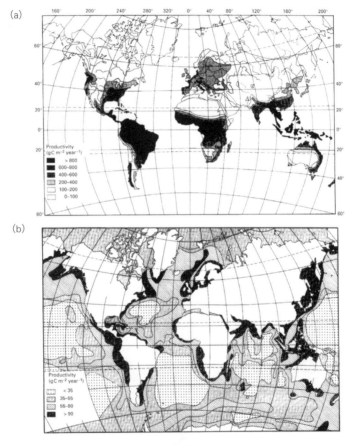

図27　陸域と海洋の純一次生産速度

陸域 (a) の一次生産速度は，気温が高く降水量が多い熱帯地域で高くなる。一方，海洋 (b) の一次生産速度は，陸域に近く栄養塩の供給が多い大陸棚や暖流による温暖な海域で高くなる (Begon, Harper & Townsend, 1996 より引用，Reichle, 1970 および Koblentz-Mishke et al., 1970 原図)。

一次生産速度を決める環境要因

　地球上にはさまざまな生態系がみられるが，生態系の一次生産速度はどのような環境要因によって決定されているのであろうか。陸域では概して降水量や気温が高くなるにつれて純一次生産速度が増加する傾向がみられる。実際の測定値にはばらつきが大きいことから，さまざまな要因が複合的に影響していると考えられるが，とくに降水量と気温が一次生産速度を決定する主要因であるといえよう。

　各生態系で比較してみると，陸地では熱帯域の森林における純一次生産がもっとも高い（図27）。また，湿潤な温帯域も純一次生産速度の高い地域である。一方，海洋をみると，決して熱帯域における純一次生産量が高いとは限らない。海洋での高い一次生産性をもたらす要因としては，陸地に接しているという点が大きい。これは，一次生産をおこなうコンブ類などの藻類や海草の分布が大陸棚などの浅い海域に限られることと，陸地からの栄養塩の流入が一次生産に必須であることによる。さらに，暖流の影響で高い水温の海域が高緯度地域まで広がっていることや，寒流と暖流が出合う潮目で撹拌された栄養塩の海水面への回帰も一次生産速度を決める重要な要因となる。

生態系でのエネルギーの移動

　生態系では，太陽光を植物，すなわち生産者が吸収し，有機物という形でエネルギーを固定する（図28）。次にその植物をネズミなどの植食動物（一次消費者）が摂食し，さらにこのネズミをイタチなどの肉食動物（二次消費者）が捕食する。摂食や捕食の過程では新たにエネルギーがつけ加えられることはないので，エネルギーは生物の呼吸により熱となり環境へと放出されて，生物が利用できるエネルギー量はしだいに減少し，栄養段階が一つ上がるにつれておおよそ100分の1に減少する。このように，エネルギー（有機物）量は食物連鎖の過程でしだいに減少し，最終的には分解者に利用されてすべてが消費される。すなわち，生態系の中ではエネルギーは一方的に輸送されるのである。

　次に，消費者によるエネルギーの利用を，その移動のプロセスごとにみてみよう（図29）。動物が餌として植物を摂食，あるいは他の動物を捕食する

と，一部は消化吸収されて，それ以外が糞として排泄される。そこで吸収，すなわち同化の過程について，

$$\text{同化効率（assimilation efficiency）} = \frac{\text{総同化量}}{\text{摂食あるいは捕食量}}$$

を考える。同化とは，体外からとり入れた物質を，生体内でエネルギーの受け渡しをおこなう物質である ATP（アデノシン三リン酸）を利用して体内で必要な物質につくりかえるはたらきである。一方，これとは逆に，同化物質を分解してエネルギーを放出するはたらきを異化（catabolism, dissimilation）とよぶ。同化効率は，動物が餌とする生物の種類によって異なり，たとえば，朽木を食べるヤスデでは約15％と低い。ヤスデが食べる朽木の成分はセル

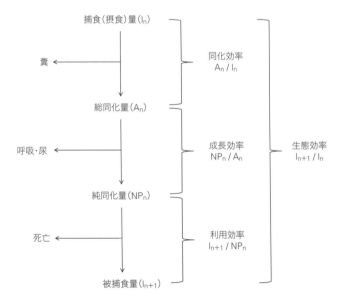

図29　消費者のエネルギー利用
一次消費者や二次消費者が取りこんだエネルギー利用の過程を，各過程でのエネルギーの利用効率で示す（Kozlovsky, 1968 を改変）。

ロースであり，セルロースは一部の動物を除いて消化吸収されにくい。シロアリは木材の主成分であるセルロースを消化吸収してエネルギー源として利用しているが，これは，シロアリの腸に共生する細菌がセルロースの分解活性をもっているからであり，このような一部の生物を除いて，セルロースの同化効率は一般に低い。また，草食のゾウでは約30％，肉食のイタチでは約96％というように，肉食動物と草食動物とでは同化効率に差が認められる。これは，草食動物が食べる植物にはセルロースが大量に含まれており，タンパク質を主体とする肉食動物の餌のほうが効率よく同化されることを

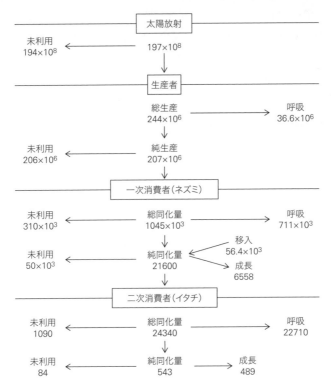

図28 食物連鎖の中でのエネルギーの輸送
太陽放射から生産者，一次消費者のネズミ，二次消費者のイタチへのエネルギーの流れ（kJ ha^{-1} year^{-1}）を，ミシガンの放棄耕作地で計測した例を示す（Golley, 1960を改変）。

57

示している。

　次に，同化されたエネルギーのうち生物体の構成，すなわち成長に用いられたエネルギーについて，

$$成長効率（growth efficiency）＝\frac{純同化（純生産）量}{総同化（総生産）量}$$

を考える。これは，逆にみると呼吸により消費されるエネルギー量を示す指標である。成長効率は生産者についても用いることができ，熱帯域の高温な環境に生育する植物は，温帯域に生育する植物と比較して呼吸消費が多いので，総生産量に対する純生産量の割合が低く，熱帯植物の成長効率は相対的に低くなる。また，変温動物である昆虫の成長効率は30％程度と高いのに対し，恒温動物である鳥類や哺乳類の成長効率は1〜5％程度である。恒温動物は呼吸によって体温を一定に保つ必要があり，熱の生産のための呼吸消費を高くする必要があるが，変温動物では体温が外界の気温に応じて変化するので，体温を保つための熱の生産の必要がないためである。

　各栄養段階にある生物は，一部がさらに上位の栄養段階の生物に捕食され，利用される。この過程で，

$$利用効率（exploitation efficiency）＝\frac{被捕食量}{純同化量}$$

が定義されるが，これは生物によって，また個体群によって大きく変動する。

　この一連のエネルギーの流れの過程で，一つの栄養段階に流入するエネルギーとここから流出するエネルギーの割合，すなわち，ある栄養段階の生物群が捕食したエネルギー量とこの生物群がより上位の栄養段階の生物群に捕食された量との割合を生態効率（ecological efficiency），あるいはリンデマンの効率（Lindeman's efficiency）という。これは，ちょうど総生産（または同化）量と，これより一つ上位の栄養段階の総同化量との比であり，栄養段階が上がるにつれて利用できるエネルギー量がどれだけ変化するのかを示す指標である。生態効率は生態系により異なるが，先に述べたようにおおよそ1％程度である。

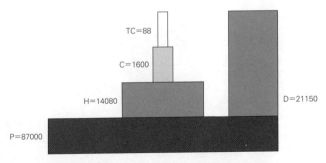

図30　エネルギー量で表示した生態ピラミッド

フロリダのSilver Springsにおける計測値（kJ m^{-2} year^{-1}）を示す。総生産，総同化のエネルギー量を基準として模式的に表示した生態ピラミッドは，上ほど細くなる（Odum, 1957より改変）。
P：生産者，H：一次消費者，C：二次消費者，TC：三次以上の消費者，D：分解者。

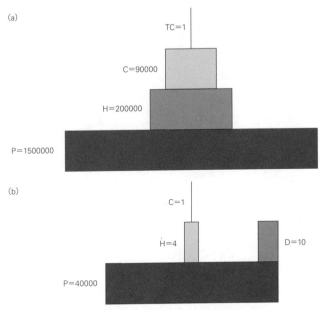

図31　個体数およびバイオマスによる生態ピラミッド

(a) 草原における個体数（1,000 m^{2}あたりの個体数），(b) パナマの熱帯雨林におけるバイオマス（g－乾燥重量 m^{-2}）を模式的に示す（Odum, 1971より改変）。
P：生産者，H：一次消費者，C：二次消費者，TC：三次以上の消費者，D：分解者。

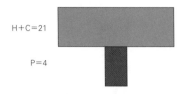

H+C=21

P=4

図32　逆転したバイオマスピラミッドの例
　イギリス海峡におけるプランクトン群集では,生産者 (P) のバイオマ
スが一次消費者 (H) および二次消費者 (C) のバイオマスより小さく
なっている。これは,増殖した生産者が速やかに消費者によって摂食
されるためで,生産速度やエネルギー単位で示すと下が大きい形のピ
ラミッドとなる (Odum, 1971 を改変)。

生態ピラミッド

　生態系の中でのエネルギーの移動を図式化する方法として,生産者,一次消
費者,二次消費者,三次以上の消費者それぞれの年間の単位面積あたりの総生産
(または総同化) 量を積み上げて図示した生態ピラミッドが用いられる (図30)。
生物群集に利用されるエネルギー,すなわち有機物の生産は生産者のみに
よっておこなわれるので,エネルギー単位で表現した生態ピラミッドは,ま
さに下が広く上が狭いピラミッド型になる。ここに分解者を加えることも
可能であるが,分解者はすべての栄養段階からエネルギーを得るので,単純
にこの積み上げ図に組み込むことは難しいため,図30 のように生産者の上
に積み上げて示した。

　エネルギー単位で示した生態ピラミッドのほかに,個体数やバイオマス
を用いて図示されたものもある (図31)。これらの場合には,正しいピラミッ
ド型にならず,逆転したピラミッドになる場合がある。たとえば水圏のプラ
ンクトン群集では,増殖した植物プランクトンが速やかに動物プランクトン
に摂食される場合に逆三角形の生態ピラミッドとなる (図32)。つまり,あ
る瞬間でみれば,植物プランクトンの個体数やバイオマス量は動物プランク
トンのそれより少ないが,実際には動物プランクトン群集を維持するのに必
要な量の植物プランクトンは常に増殖しているので,生産速度やエネルギー
単位で示せば正しいピラミッド型になる。

第6章 生態系での物質循環
Chapter 6

物質循環の概念

　植物は太陽のエネルギーを利用して光合成をおこない，エネルギー物質である有機物を生産して生態系に供給している。有機物は消費者に利用され，また落葉落枝や死んだ生物体の有機物が分解者に利用され，最終的にはすべての有機物は利用しつくされる。このように，生態系の中での有機物，すなわちエネルギーの移動は一方向的で，再利用されることはないが，呼吸のはたらきによって放出された二酸化炭素や水，分解者による有機物分解で放出された無機塩類は再び生産者に吸収され，再利用される。このように，無機塩類，あるいは元素は生態系の中で循環する。これを物質循環 (materials cycling) とよび，とくに生物が関与するような物質循環を生物地球化学的物質循環 (biogeochemical cycle) とよぶ。一方，純粋な物理・化学プロセスのみによる循環を，地球化学的物質循環 (geochemical cycle) とよぶ。両者は厳密に区別されるものではなく，たとえば雲が生成される過程では，太陽放射による水の蒸発とともに，植物が根から吸収した水を葉の気孔から放出する蒸散のはたらきがかかわっている。

　生態系での物質循環を考える場合，大気圏 (atmosphere)，水圏 (hydrosphere)，地圏 (lithosphere)，生物圏 (biosphere) の4つのコンパートメントに分けて，これら相互の間での物質の動きを考えると理解しやすい。とくに，生物圏とこれをとり巻く環境としての大気圏，水圏，地圏との相互関係が，生態系の中での生物のはたらきを考えるうえで重要である。

61

物質収支

　物質循環を解析する場合，微小な生態系から地球単位の生態系まで，さまざまな規模での解析が可能である。それぞれ目的に応じて対象とする範囲を特定して解析をおこなうが，生物の生活圏を意識して，生物が利用する資源の中でとりわけ重要な水の動きに着目した範囲である流域 (river basin, watershed) を生態系の単位として扱うと理解しやすい。とくに，私たち人間の生活においては，どこから水を得て，どこに排水を放流するのかといった水資源利用の観点から，流域は密接にかかわる生態系であり，イメージしやすいだろう。

　解析の対象となる生態系の規模は必要に応じて変化するが，どのような生態系でも物質収支 (material balance) を調べることで，その物質環境の特性を評価することができる。これはちょうど，私たちが日常生活で家計の収支をとるのと同じである。収入が支出を上回れば貯蓄が増加し，逆に支出が収入を上回れば貯蓄が減少する。生態系における物質収支もこれと同じように考えることができる。ただし，物質といっても多くの種類が生態系の中で動いているので，個々の物質についての収支を個別に考える必要がある点に注意しなくてはならない。

　個々の物質の収支には，次の3つの場合がある。

　(1) 生態系への流入量 (input) と生態系からの流出量 (output) がつりあっている：この場合は，注目している物質に関しては安定な系であるといえる。たとえば，安定な成熟した森林では光合成によって取りこまれた二酸化炭素は有機物となり，これが森林の中で消費者や分解者により呼吸に利用されて二酸化炭素となって森林外に放出されるため，生態系への炭素の正味の蓄積や生態系からの流出はほとんどない。

　(2) 生態系への流入量が生態系からの流出量を上回る：この場合には，対象としている物質は生態系に蓄積される。たとえば，発達過程にある森林では，土壌中や木材に有機物や無機塩類が蓄積されていく。

　(3) 生態系への流入量が生態系からの流出量を下回る：この場合には，対象とする物質は生態系から流出し，蓄積量が減少する。たとえば森林の伐採をおこなうと，土壌中に蓄積されていた水や無機塩類が流出し，蓄積量が減

少する。また，伐採された木材自体も有機物として生態系外へと持ち出されることになる。

生態系への物質の流入プロセス

　生態系の多くは開放系であるため，系外から流入した物質がその循環に取りこまれるプロセス，および循環からはずれて系外へと流出するプロセスが存在する。生態系での物質の運搬は生物によっておこなわれる場合が多いので，ここでは生物のはたらきによる物質の流入プロセスに注目して解説する。

　岩石が物理的，化学的風化作用を受けると無機塩類が溶出し，これを植物が吸収して栄養塩として利用するが，この過程は物質の流入とみなされ，土壌が生成する過程として重要である。これには生物遺体の有機物が分解する際に生成する有機酸や，植物の根や微生物などの呼吸で生成する二酸化炭素などの酸が岩石を溶解する，化学的風化作用が大きくはたらいている（第8章，85ページを参照）。

　次に気体が生態系に取りこまれる過程としては，生産者の光合成，化学合成（第5章，47ページ）による炭酸同化のプロセスが重要である。マメ科植物と共生する根粒細菌（第4章，40ページ）などは，大気中の窒素ガスを窒素固定により生物体に取りこみ，これが生態系内の窒素循環系への流入プロセスとなる。温帯域での窒素固定速度は，たとえばダイズを栽培する農地では140kg-N/ha・年程度である。とくに熱帯でのマメ科植物による窒素固定速度は大きく，900kg-N/ha・年程度にもなると見積もられている。これは，降水から供給される窒素量の1〜2kg-N/ha・年と比較して高く，生態系が微生物による窒素固定に依存する比率は高い。

　大気から降下物として物質が供給される過程では，降下物を湿性降下物（wet deposition）と乾性降下物（dry deposition）に大別する。湿性降下物には雨，雪，霧などがあり，粒子サイズはこの順で小さくなる。湿性降下物は大気中の浮遊物質を核として液滴あるいは結晶が成長して形成されるため，一般に粒子の小さいものほどその粒子中に取りこまれている物質の濃度は相対的に高くなる。この一例として酸性霧（acid fog）があげられる。酸性霧とは霧の酸性化がすすんだ状態で，日本では北海道東部の太平洋に面した

釧路，根室地方で，とくに大気汚染源が近くにないのにもかかわらず問題となっている。この地方では酸性雨の発生は顕著でないが，相対的に高い濃度の物質を取りこんでいる霧粒子のほうが酸性が高くなるため酸性霧の発生につながると考えられている。なお，酸性物質としては，海洋のプランクトン起源のジメチルスルフィド（dimethyl sulfide）などの自然発生的なものが多いことも知られている（69 ページ参照）。

　乾性降下物はエアロゾル（aerosol）とよばれ，いわゆる大気中に浮遊するちりや灰などが降下したものである。森林に供給されるイオウ，硝酸塩，カルシウム，カリウムのおよそ 50％は乾性降下物由来であると見積もられており，これによる物質の供給も重要である。

　この他に，河川の氾濫による物質の流入，施肥や物質の燃焼などによる人為的な物質供給過程もあり，とくに農地などの生態系では人為的な物質流入プロセスが大きな比重を占める。

生態系からの物質の流出プロセス

　次に，生態系からの物質流出プロセスをみてみよう。ここでも生物の機能に注目し，物質の形態ごとにまとめて解説する。

　まず，発生した気体の生態系外への流出では，呼吸による二酸化炭素の放出，還元土壌からのメタン（CH_4）発生，脱窒素作用（denitrification）での窒素や亜酸化窒素（N_2O）の放出，腐敗によるアンモニア揮散の過程が重要である。たとえば，マレーシアのごみの埋め立てによる最終処分場の例では，ごみの中を降雨が通過してアンモニアや重金属などが溶解しながら降水に混じり，処分場からの排水として系外に流出する。この排水による負荷を低減するために，排水のばっ気によるアンモニアの酸化や脱窒素作用を利用した窒素の除去がおこなわれている。さらに，排水中に残った硝酸態窒素は，最終的には人工湿地に生育させたヨシ群落を通して生物浄化した後に環境中に放出される。

　液体としての生態系からの流出にもさまざまな過程があるが，なかでも農地からの硝酸イオンの流出は環境問題として注目されている。高濃度の硝酸イオンを飲用すると神経系に障害を生じる可能性があることが指摘され

ており，わが国では人の健康の保護に関する環境基準として水質規制の対象となっている。これは窒素肥料の過剰な施肥が原因の一つであり，施肥された硝酸イオンの50～70％あるいはそれ以上は作物に吸収されずに地下水や河川へと流出すると見積もられている。さらに窒素の過剰施肥は土壌中の細菌がおこなう脱窒素作用によって亜酸化窒素となり，大気中へ放出される。大気中に放出された亜酸化窒素は成層圏に移動してオゾン層を破壊するなど，地球環境問題の原因ともなっている。作物の生育に合わせた適量の施肥をおこなうことがもっとも有効な対策であるが，これは管理上たいへん困難であるため，施肥後，長期にわたって成分がゆっくり土壌中に放出される緩効性肥料の利用などがこの対策として考えられている。

水の循環

　水は，化学的に物質の高い溶解性と大きな比熱をもち，溶媒としての役割と温度環境を保つ機能を有する。生体内でも水はさまざまな物質を溶解して運搬し，また体温を一定に保つはたらきを担っている。

　生態系での水の動きは，局所的な気象から全地球的な気候条件までを支配

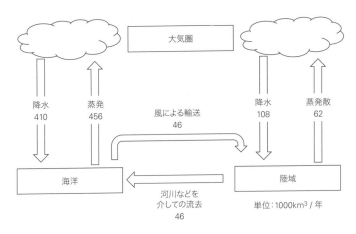

図33　水の循環
　　　　大気圏，海洋，陸域の相互の水の輸送量を示す（Ehrlich *et al*., 1977 を
　　　　改変）。

しており，その動きを正確に把握することはこれらの環境を知るうえでたい
へん重要である（図33）。生態系での水の輸送には，太陽放射による蒸発や
大気圏での凝縮などの物理化学的な過程の寄与が大きいが，生物のはたらき
も大きくかかわっている。なかでも維管束植物が根から土壌中の水を吸収
したり葉の気孔から蒸散（transpiration）をおこなうことは，水を大気圏に輸
送する主要な過程である。蒸散とは，植物が土壌から栄養塩などを吸収し，
これを植物体の各部分に運搬するために不可欠な作用であるが，気孔から水
蒸気として大気中に放出される過程で多量の気化熱を奪うので，直射光下で
植物の葉の過熱を防ぐ温度調節の機能も担っている。

　植物による蒸散と，物理化学的な蒸発（evaporation）のプロセスを合わせ
て蒸発散（evapotranspiration）とよぶが，森林などの植物群集では蒸発量より
蒸散量のほうがはるかに多い。したがって，大気中での雲の生成には生物が
大きくかかわっているといえる。さらに，森林とその土壌は貯水や理水の作
用をもっていることを考えると，水の循環には全体的に生物が大きく関与し
ているといえよう。

炭素の循環

　炭素は，有機物を構成する元素であり，生体内では生物体を構成する元素
として，また酵素やホルモンなど生物の活動に必須な元素として重要であ
る。地球上での炭素の循環における生物のはたらきでは，大気中の二酸化炭
素を取りこんで有機物を合成する生産者による光合成と，有機物を分解して
エネルギーを得，二酸化炭素を大気中に放出する呼吸がとくに重要である
（図34）。このほか，メタン生成細菌によるメタンの放出など，生物活動によ
る炭素の輸送過程は数多くみられるが，人間が化石資源を燃焼することに
よって大気中に二酸化炭素を放出する過程も無視できない。

窒素の循環

　窒素もまた，タンパク質や核酸などの構成元素として生物にとっては非常
に重要な元素である。窒素原子はさまざまな酸化還元状態をとる。たとえば
硝酸塩は酸化的な条件下で生成され，一方アンモニアは還元的な条件下で安

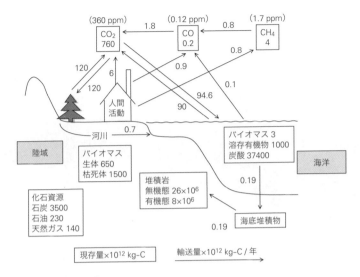

図34　炭素の循環
　大気圏, 海洋, 陸域に存在する炭素の重量 (枠内) と年間の輸送量 (矢印) を示す (O'Neill, 1998 を改変)。

定である。生態系での窒素の動きを考える際, 窒素の酸化還元状態の変化から整理すると理解しやすいであろう (図35)。

　生態系での窒素の循環では, はじめに大気中の窒素ガスを取りこんで生体構成物質とする窒素固定によって大気圏から生物圏へと窒素が輸送される (図36)。窒素固定とは, 特定の微生物がもつ機能で大気中の窒素ガスから生体を構成する有機窒素化合物が合成される。マメ科植物の根粒を形成する根粒細菌は, 植物の根に共生し, 窒素固定によって合成した窒素化合物をマメ科植物に供給している (第4章, 40ページ参照)。またアゾトバクターやクロストリジウムなど独立して窒素固定をおこなう細菌も多く, 窒素固定は生態系の重要な窒素供給のプロセスとなっている。

　脱窒素作用は, 窒素固定とは逆のプロセスで, 脱窒素細菌により生物 (植物) に利用可能な無機態窒素であるアンモニウム塩や硝酸塩から窒素ガスや亜酸化窒素が生成するプロセスである。

　硝酸化成 (硝化作用；nitrification) は, 土壌中の化学合成細菌である亜硝

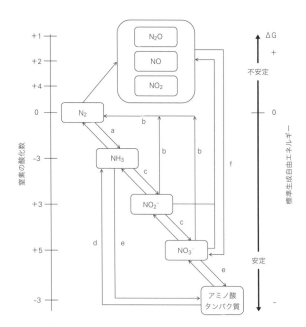

図35　窒素の形態
環境中では，窒素は生化学的な酸化還元反応によってさまざまな酸化
状態をとる。主な反応は，a：窒素固定，b：脱窒素作用，c：硝酸化成，d：
アンモニア化成作用，e：窒素同化，f：降下物としての移動 (O'Neill,
1998を改変)。

酸細菌によってアンモニウムイオンが亜硝酸イオンに，さらに硝酸細菌によっ
て亜硝酸イオンが硝酸イオンに酸化されるプロセスである。これらの硝化細菌
は，酸化反応によって生成したエネルギーを利用して二酸化炭素から有機物を
合成することができる化学合成細菌である。また，やはり土壌中の細菌によっ
て生体を構成するタンパク質が分解されてアンモニアになるプロセスがアンモ
ニア化成作用 (ammonification) である。アンモニアは水に溶解するとアルカリ
性を示すが，土壌中で硝化作用を受けるとアンモニウムイオン1モルに対して
プロトン (H^+) が4モル放出されるので，土壌の酸性化をまねくことになる。

イオウとリンの循環

　イオウはタンパク質の構成元素として，またリンは核酸や骨格の構成元素

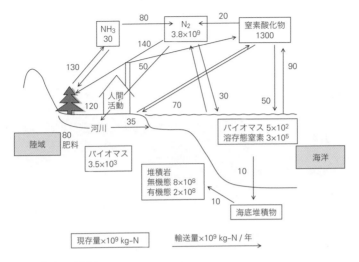

図36　窒素の循環
　　大気圏，海洋，陸域に存在する窒素の重量（枠内）と年間の輸送量（矢
　　印）を示す（O'Neill, 1998 を改変）。

として，生体内に多く存在する。これらの元素の物質循環における生物のかかわりは，まず植物による土壌からの吸収と同化から始まる。植物体に取りこまれたこれらの元素は，一部は食物連鎖の過程を経て，最終的には分解者によって分解され，環境に戻る。

　イオウは，窒素同様にさまざまな酸化還元状態をとり，循環している（**図37**）。酸性雨（acid rain）とは，化学的には大気中の二酸化炭素と蒸留水とが平衡に達した際に示す pH＝5.6 を基準として，これより低い pH を示す降雨のことをいうが，降雨を酸性化する物質ではイオウ酸化物が多い。化石資源の燃焼によって人為的に発生するイオウ酸化物は酸性雨の主な原因であるが，大気圏へのイオウの供給源としては海洋における自然発生的なイオウの輸送プロセスも重要である。たとえば，海水中の硫酸塩が微粒子として大気中に取りこまれる過程や，海洋中のプランクトンが生産するジメチルスルフィドが大気中に放出される過程である。大気圏に放出されたこれらのイオウ化合物は，光化学反応を経てイオウ酸化物を生成し，酸性降下物となる。先に述べた北海道東部の太平洋沿岸のように（63 ページ参照），夏季に

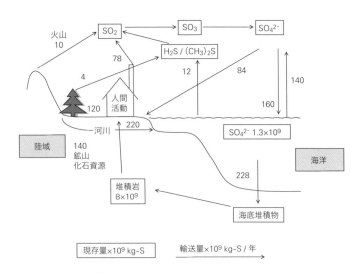

図37　イオウの循環
　　　大気圏, 海洋, 陸域に存在するイオウの重量 (枠内) と年間の輸送量 (矢印) を示す (O'Neill, 1998を改変)。

海洋上で発生した霧に頻繁に覆われる地域では海洋起源のイオウ酸化物によって酸性化した霧による影響がみられ, コンクリートが溶解してできるコンクリートつららなどの現象が確認されている。

　環境中に存在するリンは, 通常は気体として存在しないが, 大気中には微粒子として浮遊する。リンは, カルシウムや鉄などと難溶性の塩を形成しやすいため, 植物にとっては利用しにくい元素の一つである。土壌中にある不溶性のリン酸塩は, ほとんどの植物に共生する菌根菌のはたらきで溶解され, 植物に吸収される。このように, リンの循環には菌根菌のはたす役割が大きい。また, 難溶性のリン化合物は還元的な環境で可溶化するため, 陸域から運ばれ河口や沿岸域に堆積した難溶性のリン化合物は湿地帯の還元的な土壌で可溶化し, ここから放出された可溶性のリン酸塩が沿岸海域の一次生産性を高める。陸域からのリンの供給は沿岸海域の生産性を高めるのに寄与するが, 過剰なリン酸塩の供給は沿岸海域の富栄養化を導き, 赤潮や貧酸素水域 (青潮) の原因となる。

第7章 生態系の種類と分布
Chapter 7

生態分布

　地球上の陸地のどのような場所にどのような生態系や生物群集がみられるのかを示したものを生態分布とよび，植物群落の区分を群系 (formation)，動物と植物の両者を含む群集の区分をバイオーム (biome 生態群系) とよぶ。これは，相観 (physiognomy)，すなわち森林であるか草原であるか，高木林か低木林か，常緑か落葉かといった植物群落の外観によって区分されるものであり，この植物群落を構成する個別の種とは関係なく，環境との対応で決まる。地球上には多数の生物種が生活しているが，陸上植物群落の相観は，環境要因，とくに気温と降水量によって区分される。つまり，種構成はまったく異なっていても，気温と降水量が似かよっている場所には似かよった相観をもつ植物群落がみられる (図38)。生産者である植物群落が成立すれば，そこに動物や微生物が生活するようになる。したがって，植物群落の相観によって決まる生態分布は植物のみならず，生態系全体の生物群集の構成にも関係することになる。

地球上の生態分布

　陸上でもっとも一次生産量が高い生態系は熱帯多雨林であり，これは生物にとって好適な安定した気温と安定した降水量をもつ熱帯域に広く分布する。熱帯多雨林を構成する樹木は多様で，またそこに生息する動物相も多様であり，生物多様性の高い生態系が構成されている。熱帯域の低地では降水量が多いため，湿地林が成立する。ここでは頻繁に土壌が冠水しやすいため，気根を発達させ大気中から直接空気を取り入れることで根腐れを防いでいる植物が

71

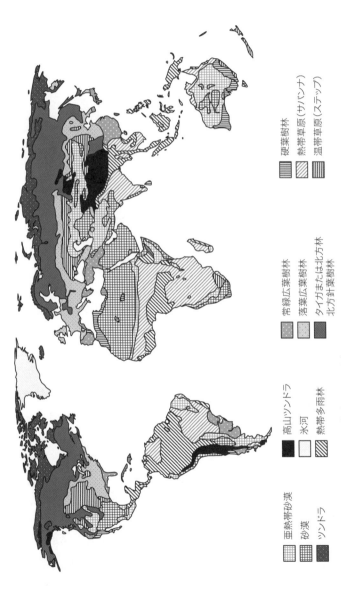

図 38　世界のおもな生態分布（バイオーム）

植物群落の相観によって分類した世界のおもな植生分布（バイオーム）を示す。ここに示した植物群落群集のほかに分布の境界や局所的に特徴的な相観をもった植物群落がみられる（図 39 も参照）。主に気温と降水量によって決定される（Walter, 1964 や Whittaker, 1975 などを参考に作図）。

凡例：

- 亜熱帯砂漠
- 砂漠
- ツンドラ
- 高山ツンドラ
- 氷河
- 熱帯多雨林
- 常緑広葉樹林
- 落葉広葉樹林
- タイガまたは北方樹林　北方針葉樹林
- 硬葉樹林
- 熱帯草原（サバンナ）
- 温帯草原（ステップ）

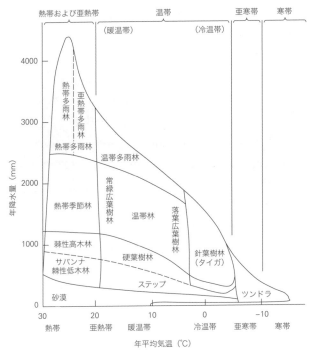

図39 気温と降水量の環境傾度上での生態分布
　生態分布（地球上での植物群落の分布，バイオーム）は，年平均気
温と年降水量で決まるが，地域的には地形や地質の影響を受ける
（Whittaker, 1975を改変）。

多い。熱帯域よりやや高緯度の亜熱帯域には亜熱帯多雨林がみられ，熱帯多
雨林より樹高が低く生物多様性もやや低い。
　降水量が多くて湿潤な環境でも，熱帯，亜熱帯域より気温が低い温帯域に
なると，相観が変わる。暖温帯域では葉が1年以上の寿命をもつ常緑樹が主
要な構成要素であるが，冬季に寒冷になるため，この時期に緑葉を維持する
ための適応として葉の表面にクチクラ層を発達させ，厚くて硬い葉をもつ
のが特徴である。このような樹木が優占する森林を常緑広葉樹林 (evergreen
broad-leaved forest) または照葉樹林 (laurel forest) とよんでいる。さらに寒
冷な冷温帯域では，冬季に葉を落として寒冷な時期をのりきる落葉広葉樹
が主体となった落葉広葉樹林 (temperate deciduous forest) または夏緑樹林

(summer-green deciduous forest) が発達する。落葉前に紅葉がみられる樹木が多いのが特徴である。温帯域でも海洋の影響を受けて常に降水量が多い地域には温帯多雨林が発達する。土壌も大気も年間を通じて湿った環境にあるので，樹木の枝には大気中から直接水分を取りこんで生活する着生植物が多くみられる。北アメリカの太平洋沿岸には，樹高100 mを超えるようなセコイアの巨木からなる森林が見られる。亜寒帯域にはタイガとよばれる針葉樹林帯が広がるが，カナダや北欧でみられる常緑針葉樹林 (evergreen coniferous forest) と，シベリアでみられる落葉針葉樹林 (deciduous coniferous forest) がある。さらに寒冷な地域には永久凍土をもつツンドラが分布する。草原のように群落高の低い低木を主体とした群集で，ここでは地面の凍結・融解が繰り返される。タイガやツンドラは，高緯度地域以外でも高山帯の植物群落にも共通し，相観が気候によって決まることがわかる。

　降水量が少なくなると，乾燥に適応した植物群落が発達するようになる。熱帯域で，はっきりとした乾季がみられる気候帯には乾季に落葉する熱帯季節林 (雨緑樹林) が分布する。さらに乾燥した熱帯地域には，刺のあるアカシアなどの高木林，低木林 (刺性高木林，刺性低木林) や草原に樹木がまばらに点在するサバンナが分布する。温帯域の地中海性気候の地域では，硬い小型の葉やとげをもつ低木類が密生した群落がみられ，これを硬葉樹林 (sclerophyllous forest) とよんでいる。地中海性気候では植物がもっとも水を多く必要とする高温の時期，すなわち夏の降水量が少ないため，植物体からの水の損失を少なくするように適応した形態である。さらに乾燥した温帯域ではステップとよばれる草原が発達する。乾燥環境の極限は砂漠であるが，オアシスや地下水，大気中の水分などの限られた水を有効に貯蔵する多肉植物や，まれな降雨を利用して短期間に生育期を終えるエフェメラル植物とよばれる一年生植物などが分布している。

　乾燥に対し，過湿も極限環境である。このような環境には湿地が発達し，泥炭地や河畔林，淡水沼沢地など陸水の影響を受ける湿地や，塩性沼沢地，マングローブなど海水の影響を受ける湿地など，さまざまなタイプがみられる。

　地図上に図示した生態分布は帯状分布 (zonation) を示しており (図38)，緯度に応じた分布と山脈に沿った分布とが明瞭に認められる。緯度に対しては，アフリカからヨーロッパ大陸にかけてみられるような，気温の傾度に加えて大陸

内部の乾燥環境に従った帯状の分布がみられる。また，南北アメリカ大陸西岸では，大きな山脈があることによって，山を境にした両側で気候が異なるため，山脈にそった帯状の分布が認められる。このように，生態分布は主に気温と降水量の気候要素によって決まるので，図39のように縦軸に年降水量，横軸に年平均気温をとったグラフ上に図示することができる。

日本の生態分布

　日本列島は，降水量は極端に多くも少なくもなく植物の生育を制限する要因にはなっていないが，南北に細長い弧状列島であり，また脊梁には標高の高い山岳地帯が連なっているため，気温が南北と標高で大きく異なり，これが生態

　凡例
■ 高山植生
▨ 亜高山（亜寒帯）
　針葉樹林
▨ 北方針広混交林
▤ 落葉広葉樹林
▨ 常緑広葉樹林
▨ モミ・ツガ林

図40　日本の生態分布
　　　日本列島の植生は，緯度に対する水平分布と高度に対する垂直分布が
　　　認められるが，いずれも比較的降水量が多いため，主に気温によって
　　　決定される（吉岡，1973より引用）。

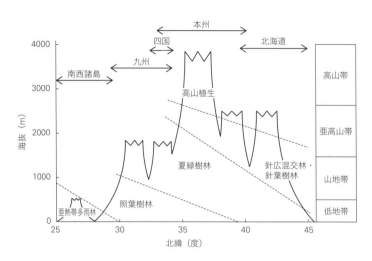

図41　日本列島における植生の垂直分布と水平分布の模式図
　　　　日本列島では，主に気温によって決まる緯度方向の水平分布と標高に
　　　　対する垂直分布がみられる。

分布を決める主な要因になっている（**図40**）。低地帯における水平分布につい
てみると，南西諸島は亜熱帯域に属し，亜熱帯多雨林が発達している。九州から
本州中部に至る地域は常緑広葉樹林（照葉樹林）で，シイやカシが優占する群落で
ある。本州中部以北，北海道の渡島半島まではブナで特徴づけられる落葉広葉樹
林（夏緑樹林）が発達する。北海道から千島にかけての地域には，広葉樹と針葉樹
が混交した針広混交林や，一部にはエゾマツやトドマツの針葉樹林がみられる。
　一方高度に従った分布をみると，植生の垂直分布（vertical distribution）がみ
られる（**図41**）。これは，南北の相観の帯状分布を，低地帯から山地帯，亜高山
帯，高山帯の垂直方向の帯状分布に置き換えたものにほぼ相当する。本州中部の
山岳地帯では，低地帯には常緑広葉樹林が，山地帯には落葉広葉樹林が分布す
る。西南日本の落葉広葉樹林の周辺には，特徴的な針葉樹林であるモミ・ツガ林
が分布する。亜高山帯には針葉樹林や針広混交林が分布するが，オオシラビソや
コメツガなどの針葉樹林が比較的多い。森林限界（timber line：森林が分布する
標高の限界）より高い所にある高山帯ではツンドラに類似した草原やコケモ
モなどの低木群集，ハイマツ林がみられる。

第8章 生態系の変化
Chapter 8

生態遷移

生態系は時間とともに変化するが，この現象を生態遷移 (ecological succession) とよぶ。もともとは生物群集の変化を生態遷移とよぶが，生物が変われば環境も変わるので，生態遷移は環境も含めた生物群集の変化，すなわち生態系の変化と考えるのが妥当である。

　生態遷移は一次遷移 (primary succession) と二次遷移 (secondary succession) に分類されるが，これは遷移が開始したときの状態の違いで，その機構は共通している。生物がまったく存在しない場所から開始する遷移を一次遷移とよび，溶岩台地やカルデラにできた湖などからはじまる。一次遷移の開始から最終的に到達する極相林 (climax forest) が成立するまでには，およそ500年から1,000年の年月がかかる。極相林は一次林 (primary woodland)，または原生林 (pristine forest) ともよばれる。一次遷移はさらに，陸域で進行する乾性遷移 (terrestrial succession) と，湖沼などの水圏から開始する湿性遷移 (hydrarch succession) とに区分される。一次遷移に対し，山火事などの人為的，あるいは天災などで攪乱を受けた生態系から開始する遷移を二次遷移という。二次遷移が進行してできた森林を二次林 (secondary woodland) とよび，里山はその代表的なものである。二次遷移は，遷移の開始の段階で植物個体や根，種子などが存在するため，遷移の進行は一次遷移に比べて速い。里山のような二次林も，人為的な作用を加えずに放置すると，やがて一次遷移の結果と同様な極相林に遷移する。

　遷移の進行はその場の環境条件によってさまざまであるが，一般的な一

図42　一次遷移（乾性遷移）の初期過程と土壌生成の過程
溶岩台地には最初生物は存在しないが、やがて地衣類やコケ類など小型の生物が侵入し、岩石の風化が始まる。風化が進むと土壌が形成され、ここに水分や栄養分が保持され、草本や低木が生育できるようになる。さらに土壌の形成が進むと高木が生育できるようになり、最終的には森林に至る。

次遷移のうち、乾性遷移の過程を以下に示す。代表的な乾性遷移は、わが国でとくに多くみられる火山性の溶岩台地（火山から噴出した溶岩が固まってできた岩石からなる地形；lava plateau）から始まるものである。岩石は、風雨による物理的、化学的風化を受けて徐々に砕けていくが、生物がまったく存在しない岩石の上に最初に侵入する生物が地衣類である（**図42**）。たとえば古い墓石の表面に付着している模様のようなものが地衣類であり、真菌類と藻類の共生体である。続いてコケ植物など小型の生物が岩石上に定着すると、生物が生成する有機酸などのはたらきで岩石の風化が急速に進み、土壌の形成が開始する。土壌の形成が進むと、水分や栄養塩類が土壌中に蓄積し、やがて遠方から風で運ばれてきた一年生草本（annual plants）や多年生草本（perennial plants）の種子が発芽し、定着する。さらに、土壌の形成とともに低木や高木へと植物群落が変化し、最終的にはそれぞれの気候に応じた森林が成立する。このように、土壌は、生物と環境との相互作用によって形成されるものであり、森林の発達は土壌の発達と連動し、土壌の完成には極相林の成立に要するのと同じく約500年から1,000年の年月がかかる。

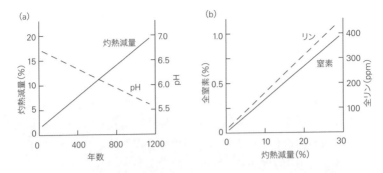

図43 遷移に伴う土壌環境の変化
　(a) タブ林の発達に伴う灼熱減量 (有機物量) の増加と土壌の酸性化 (倉内, 1953 を改変), (b) 伊豆大島三原山の溶岩台地上での一次遷移に伴う全窒素, 全リンの増加 (Tezuka, 1961 を改変)。

　遷移の過程において, 生物群集とともに環境がどのように変化するかの一例を示す (**図43**)。生態遷移にかかわる正確な情報は, 特定の場所での長期的なデータをとることによって得られるが, 遷移の開始年代が異なる複数の地点で得られた情報をつなぎ合わせることによって, 長期間の森林の形成過程を推測することが可能である。たとえば, 火山の場合には噴火の記録を手がかりに, さまざまな場所で, 溶岩が何年前に噴出したものであるのかを確認する。そして, それぞれの場所での生態調査の結果を溶岩台地の形成の順に並べ, 生態遷移の過程を議論するのである。

　このようにして, 土壌中に蓄積された有機物の量を示す灼熱減量 (焼く前の乾燥重量から焼いた後に残る灰の量を引いた値；loss on ignition) をみると, 溶岩が固まった直後から土壌中へ有機物が蓄積しはじめ, 1,200 年の間に少しずつ増加していることがわかる。また, 土壌の pH は灼熱減量とは逆に減少していく。これは, 有機物が分解する過程で酸が生成され, これも土壌に蓄積することによる。また, 窒素やリンも灼熱減量の増加に伴い増加しているが, これは遷移の過程で土壌中に栄養塩類が蓄積していくことを示している。このように, 土壌中に栄養塩類 (無機肥料) が蓄積し, 土壌が肥沃になることで, しだいに大型の木本が生育できるようになる。

　次に, 遷移の進行に伴って, 種のもつ生態的特性がどのように変化してい

くのか，またその変化が遷移の進行とどのようなかかわりがあるのかについてみてみよう。遷移の初期には，風にのって散布されやすい小型の種子を多数生産する植物が優占する。タンポポなどが身近な例であるが，このような植物を一般的にパイオニア種という（第4章，44ページも参照）。まだ生物が分布していない新しい生育地を目指して侵入する特性をもつパイオニア種は，まさに遷移初期で生物群集が単純な場所に適している。このような種は，個体群の成長の過程でできる限り多くの子孫を残すように，すなわち成長曲線（図6）のr（内的自然増加速度定数）をできる限り大きくするように進化してきた種であると考えられ，このような種の生存のための戦略をr-戦略とよぶ。遷移の進行に伴ってこのようなパイオニア種は減少し，代わって，主に動物によって散布される大型の種子を少数生産する植物が増加する。このような植物は，種子を広く散布するのではなく，確実に定着できるように初期成長に必要な栄養分を胚乳や子葉に多量に含んだ種子を少数生産し，後継の個体を確実に残すような戦略をとる。なかには果肉をつけた大型の果実や鮮やかな色のついた果実をつくり，動物に摂食されることで果実の中の種子を動物に散布してもらえるような戦略をとる植物も多い。遷移の後期にあらわれる種は，多くの子孫を残すことよりその環境に適した少数の子孫を確実に残す，すなわち成長曲線（図6）のK（環境収容力）を安定に維持するように進化してきた種であると考えられ，このような種の生存のための戦略をK-戦略とよぶ。

　遷移の最終段階にみられる生物群集を構成する主要な種を極相種（climax species）という。パイオニア種と極相種の代表的な種について種子の性質を比較してみると，種子を大きくするか，それとも数を多くするかのトレードオフ（trade-off）が成り立っていることがわかるであろう。限りあるエネルギーの中で大きな種子をたくさんつくるのは，一般に1個体がもっているエネルギーの許容量を超えるので不可能である。そこで，大型の種子を形成する種は，数は少ないが必ず発芽するように栄養分を蓄え，これを動物に運んでもらうことで確実に散布する方法をとっている。種子のほかにも，遷移の進行に伴って，遷移の最終段階では寿命が長く，大型になる種が多くなるなどの種特性に変化がみられる。

　次に，物質循環の観点から遷移の進行をみてみよう。遷移の進行に伴って，有機物や栄養塩類が生態系の中にしだいに蓄積していくことは第6章で述べたが，群集内での植物の一次生産速度が高くなると同時に，生態系の中で有機物が分解され，無機物が放出され，再び植物に吸収される速度，すなわち物質循環の速度もしだいに速くなる。ここで，物質の収支をみると，遷移の初期では岩石の風化や降水，周囲からの流入などによって系外から栄養塩が取りこまれ，これによって植物が成長するため生態系の中に物質が蓄積していく。このような系は開放系である。一方，遷移が進行して最終段階の極相（次項）に達すると，一つの生態系の中で物質が循環する閉鎖的な系となる。生態系の中での有機物の蓄積をみると，生物が大型化し，また土壌の形成が進むとともに，生物群集や土壌へ有機物が蓄積されていく。しかし，安定した極相に達すると，ここで生産された有機物は，そのほとんどが生態系内の消費者や分解者に利用され，正味の蓄積はほとんどなくなる。つまり，安定な完成した森林では，生態系全体の純生産量はほぼ0となる。

　森林が成立するまでの遷移の過程での総一次生産量は，植物が草本から樹木へと大型化するにつれて，さらに樹木の成長に伴って増加して最終的には一定値になる。これは，単純に光合成をおこなう葉の量が増加するためであるが，純一次生産量は，遷移の途中段階で一定値になる。これは，葉の量（光合成をおこなう部分）は増えていくが，光合成をしない部分（材や根などの非光合成系）も増えて，全体として呼吸量が増えるためである。一般には，純一次生産量は遷移の中間段階で最大値を示し，その後若干低下する。

生態系の維持機構

　生態分布が気候帯と対応しており，気候が定まればそこの相観が決まり，またその場所の生態系を構成する生物の種類も決まるということを第7章で述べた。したがって，たとえば森林の再生を考える場合などに，どういう樹木をどこに植えるのかは生態分布にあわせて考える必要がある。樹木には生態的特性の異なるさまざまな種があり，その特性を生かした配置を決めることが重要である。生態分布は，その場所の原生自然植生（森林の場合は原生林）がどのような相観や種構成をもつのかによって決まり，人為的攪乱

を受けた後の植生は当然異なった植物群落となる。しかしながら，長い年月が経過すると，どのような植物群落も最終的には気候や降水量によって決まる相観や種構成をもった植物群落，すなわち極相（climax）に達する。ただし，特殊な地形や地質の場所には，気候によって決まる極相とは異なった植物群落が成立することもあり，実際にはさまざまな要因が複合的に作用して極相が決定されている。

　極相林を構成する樹木は暗い林床でも生育できる能力をもっているため森林の中でも子孫を残すことができ，やがて親個体が寿命に達したときにその場を子孫が後継し，長年にわたり安定した種構成の生態系が維持されると考えられていた。ここで極相林の暗い林床でも生育できる耐陰性の高い樹木を陰樹，明るい場所でしか生育できない耐陰性の低い樹木を陽樹という。現在ではこの考え方を発展させ，生態遷移も物理的，化学的過程と同じで，動的な平衡状態にあり，見かけ上安定しているが動きのある状態になると考えられている。つまり，生態系の中では常に生物種の入れ替わりが起こっており，動きのある状態で維持されている系が極相である。このような系に極相という用語を用いるのは本来不適切とも考えられるが，以降は極相の概念として動的平衡状態を用いることにしたい。

　では，具合的にはどのような動きがあるのだろうか。簡単にいうと，まずある生態系が落雷や台風，山火事などの攪乱を受け，植物群落にギャップ（gap）とよばれる穴（空所）ができる。ギャップができるとそこではさまざまな環境の変化が起こるが，なかでも日光が林床まで届くようになり，これまで暗かった林床の光環境が部分的に改善される。そうなると，林床に生育していた植物が急速に成長を開始するようになる。常緑広葉樹林を構成するシイやカシの陰樹の稚樹は，暗い環境にも耐性をもっているので林床に多数生育していることが多いが，ギャップができるとそこに生育していた個体の成長速度が急に加速される。しかし，必ずしもこれら陰樹の稚樹だけが林床に存在しているわけではなく他の植物が先に成長したり，またギャップの形成後に風通しがよくなり，パイオニア種（陽樹）の種子が侵入して発芽することもある。いつ，どこにギャップが形成されるのか，またギャップの形成時にどのような種がそこに存在するのか，さらにどのような種が外部から侵

入するのかは予測できず，形成されたギャップを埋める次世代の種や個体は
そこで起こる種間・種内競争によって決まる。たとえば，ほんのわずかな発
芽時期の差によって，競争の勝敗が分かれる。何年も暗い環境で耐えた個体
はギャップが形成された後に侵入して発芽した個体よりは競争に勝つ確率
は高いが，パイオニア種は一般に発芽直後の初期成長速度が速いという性質
をもつので，後からギャップに侵入しても競争に勝つことがありうる。この
ように，攪乱とギャップの形成は極相林の維持に不可欠な要素である。

　動的平衡状態で維持されている植物群落の例として，縞枯れ現象 (wave
regeneration) がある（図44）。これは，森林の中に立ち枯れした枯死木の帯が
いくつもみられる現象であり，八ヶ岳の縞枯山をはじめ，世界各地で知られ
ている。枯死木の帯は，樹木の寿命や，付近の個体が枯死することで風が山
肌を吹き上がり，その攪乱の結果枯死する個体によって形成されるが，立ち
枯れした枯死木はやがて倒れ，攪乱を受ける部分がしだいに山の斜面を登っ
ていくように移動する（図45）。枯死木の帯がギャップであり，枯死し，倒
れることで林床に到達する光量が増し，次世代の個体の成長が良くなる。時

図44　縞枯山
長野県八ヶ岳連峰の縞枯山では，亜高山帯針葉樹林のシラビソやオオ
シラビソが帯状に枯れ，その縞枯れの帯が山頂に向かってしだいに移
動していく現象（縞枯れ現象）がみられる。編集部，竹中撮影（2015年）。

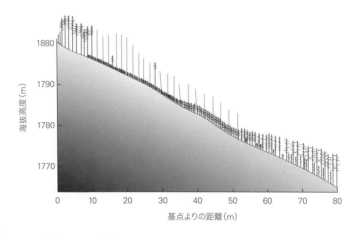

図45　縞枯れの森林断面図
枯死木の帯は山肌を吹き上がる風による攪乱によって形成されるが,
ここに次世代の個体が生育し, 森林が更新する (木村, 1977 (原図：矢頭, 1962) を改変)。

間の経過とともに, ギャップであった帯の部分はしだいに森林が回復していくが, やがて成長して風当たりが強くなり攪乱を受けて枯れる。このような稚樹, 若齢個体, 成熟個体, 枯死木は, 山の斜面に沿って上部から下部へと向かって連続的に分布するため, 時間とともにこれらの帯全体が斜面上方に動いていく。この縞の移動が縞枯山の森林を維持しているが, 攪乱がなければ縞枯れ現象は発生しない。攪乱は生態遷移の進行と生態系の維持にとって非常に重要な要因であるといえる。

土壌の生成

　土壌は単なる物質の呼称ではなく, 生物のはたらきによって生成され, 栄養塩や水の保持機能を有するようになり, この栄養塩や水がまた生物を育む機能を有するに至った, 一つの生態系である。

　もとは岩石であるが, これに生物の作用が加わって土壌が生成する。風化は物理的, 化学的作用によっても進行するが, 生物の作用も大きくはたらいている。このように, 生物が環境を変化させてより良い生息環境をつくる過程で生成されるものが土壌である。

　土壌の生成にかかわる要因を土壌生成因子とよび，岩石，生物，気候，地形，時間の5つが主要なものである。岩石は土壌の無機的原材料として不可欠であり，これを土壌の母岩，土壌生成が開始した段階のやや風化した岩石を母材とよぶ。しかし，ただ岩石が砕けて細かくなれば土壌になるというわけではない。あくまでも，そこに生物が生育し，生物がつくった有機物の作用が加わってはじめて土壌が生成する。土壌の種類を決める要因としては，気候が重要である。気候は生態分布を決める要因であることは第7章で述べたが，生態系の違いは土壌の違いにもつながる。地球上の土壌の分布は気候で決まるといえるが，たとえば同じ山でも尾根と谷では水環境や気象条件が異なるため土壌の性質が異なるというように，地形も土壌生成にかかわる重要な要因である。また，時間も重要な因子の一つで，500年から1,000年の長い年月がかかって徐々に土壌が生成する。土壌の生成に要する時間は，一次遷移で極相林が成立する時間に対応する。

　土壌の生成過程は，生態遷移（77ページ参照）と密接に関係している。まず，地衣類やコケ植物などの小型の植物が岩石の表面に生育する。植物は光合成により有機物を生産するが，この有機物が分解される過程で二酸化炭素や有機酸が生成する。菌類の中には自ら酸を生成するものもある（第4章，45ページ参照）。岩石はこれらの酸によって溶解され，化学的に風化が進む。重要なのは，生物の存在によって酸ができて岩石が溶かされることで土壌が生成するということである。やがて草本や低木類の維管束植物が生育するようになると，根が母岩に侵入することでさらに岩石が砕かれる。また，一次生産量が上がり，有機物の分解により多くの有機酸が生成すると，ますます風化が進む。当然ながら，降水による物理的作用や溶解，凍結と融解の繰り返しなど，物理的，化学的プロセスによる風化も進行するが，生物の作用なくして土壌生成は進行しない。

　土壌は，一般に複数の層から成り立っており，これを土壌層位（soil horizons）とよんでいる（図46）。土壌層位の区分は厳密にはたいへん難しいが，基本的には色や硬さ，団粒構造などの指標によって区分する。なかでも，土色は重要な指標で，とくに化学的特性を簡単に知るために土色の評価は重要である。土色は，色相（hue），明度（value），彩度（chroma）の3つの

変数で色を表現するマンセルの体系を用いて客観的に表現される。土壌の中で鉄は主要な構成元素であるが，鉄がどのような化学的状態をとっているかで，土色が変わる。大気に触れる酸化的な環境では，鉄は三価の形態をとり，酸化鉄として黄褐色を示す。一方，冠水した場合のように酸素の供給が限られる還元的な環境では，鉄は二価鉄の形態をとる。これは青緑色を示すので，このような色の層がみられれば，水はけの悪い土壌であることがわかる。このような土壌をグライ土（gleyic soil）とよぶ。また，ポドゾル（Podzols, Spodosol, 88 ページ）とよばれる土壌では白色を示す層が認められるが，これは二酸化ケイ素（SiO_2）の色である。一般に二酸化ケイ素は土壌を構成する成分の中で化学的にもっとも安定な物質であり，岩石中にある他の成分がすべて溶出した後に残る物質である。黒色を示す層はやや複雑で，硫化物や二酸化マンガンなどの無機物を含む場合と，有機物を含む場合とがある。有機物，とくに腐植はさまざまな分子構造をとる複雑な高分子化合物であり，広い波長域に光の吸収をもつため，土壌中では黒色を呈する。通常有機物は土壌の表面から供給されるので，土壌表面付近には黒色の層位が認められる。

　土壌層位のもっとも基本的な区分は，A・B・C層の3つの土壌層位である（図46）。これらは，実際はさらに細分できるが，ここでは詳細についてはふれない。A層の上にはO層とよばれる有機物のみからなる層，すなわち腐植層（accumulations of organic matter）が存在する。一般に腐葉土とよばれるものである。一方，C層の下には母岩があって，これをR層とよぶ。主要な土壌層位はA・B・C層の3つであるが，この中で最上層にあり，有機物の供給を受け有機物含有量の高い層がA層である。通常は，有機物特有の黒色を呈していることで区分される。日本には火山性の土壌が多いが，火山灰が母材となって形成された黒ボク土（Andisols）は，真っ黒なA層をもつのが特徴である。もっとも下層にあるC層は，岩石層（R層）に植物根や水が侵入して風化が進んだ母材の層で，土壌形成作用を受けて間もない層位である。A層とC層との間にある層がB層である。B層は，まさに土壌の生成が進みつつある，もっとも活動的な層であるが，気候や地形の影響を受けつつさまざまな過程で土壌生成が進むため，その過程の違いに応じてさまざま

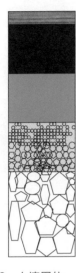

O層:腐植層(落葉・落枝層)

A層:鉱物質を含む腐植層

B層: (1)粘土・鉄, アルミニウム酸化物・腐植の集積層
(2)特色ある色(褐色・赤色・黄色)を示す層
(3)団粒構造の発達した層

C層:風化した母材

R層:風化していない母岩

図46　土壌層位
よく発達した土壌では, 表層の有機腐植層であるO層と風化していな
い母岩であるR層の間に, A層, B層, C層の土壌層位が認められる。
これらの土壌層位は, さらに細分される。

な性質をもっている。一般にB層は, 粘土や鉄などの特定の物質が集積した
り, 特徴的な土色を呈していたり, あるいは団粒構造が非常によく発達して
いるといった特徴をもち, これらによって区分されるが, 3つの特徴のうち
一つでもあてはまるものがあればB層と認識できる。B層は土壌の種類に
よってさまざまに異なった性状を示すため, 土壌の分類の鍵になる層(特徴
層位;diagnostic horizons)となることが多い。

　先に述べたように土壌の種類は, 地球規模でみると生態分布に連動する。
生態分布と比較するとパターンが非常によく似ていることがわかる。土壌
は生物がつくるので, どのようなタイプの生物がそこにいるのかで土壌の性
質が決まる。また, そこに生育する生物の種類は気候に対応するので, おの
ずから気候と土壌の種類には対応がみられる。

　土壌は, 特徴層位によって分類され, 命名される。国際的にはアメリカ農
務省(USDA)の体系とFAO-UNESCOの体系の二つの分類体系が主に使わ
れており, 通常はこの二つを併記して名前をつける。このうち, アメリカ農

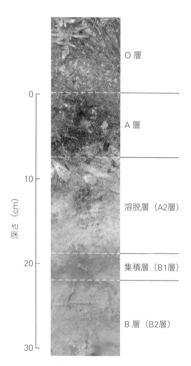

O層

0

A層

10

深さ (cm)

溶脱層（A2層）

20

集積層（B1層）

B層（B2層）

30

図47 ポドゾルの土壌層位
亜寒帯針葉樹林の林床にみられるポドゾルでは，A層の下部に白い溶
脱層がみられ（A2層），その直下に暗色の集積層（B1層）がみられる。

務省の体系では，もっとも基本的な分類群として11の目を設け，目の中を
さらに細かく分類して命名する。また，日本では，森林土壌，農地土壌それ
ぞれに個別の分類体系がある。

　土壌の生成過程の一例として，ポドゾルの生成過程をみてみよう（**図47**）。
ポドゾルとは，亜寒帯の針葉樹林帯に発達する典型的な土壌であり，A層の
下部に10cmから20cm程度の真っ白な層（漂白層）をもつのが特徴である。
ポドゾルは，このほか，熱帯域にも分布し，その中には5mを超える漂白層
が認められることもある。ポドゾルの生成は，通常の土壌生成と同様，植物
が生産した有機物が分解されてできた有機酸が母岩を風化するところから
開始する。寒冷な地域の針葉樹林の場合は，針葉の分解過程でとくに多くの

有機酸が生成され，また菌糸のつくるマットから酸が放出され，これらの有機酸によって土壌中の鉄，アルミニウム，マグネシウム，マンガンなどが溶出され，土壌の下層に移動して集積する。酸のはたらきが強いので，最終的にもっとも安定な二酸化ケイ素だけが残る。これが白色を呈するため，白色の層が形成される。土壌の下層に向かうにつれて酸が中和されるため，溶出された物質は下層に集積する。結果として，黒色の集積層が白色の二酸化ケイ素の層の下にできる。熱帯域でも泥炭湿地林でこれと同様なポドゾルの形成が認められる。これは，熱帯域の泥炭が強い酸を形成するためであるが，この酸形成の理由に関しては，まだよくわかっていない。

　先にも述べたとおり，土壌は単なる物質ではない。したがって，物質の集合体として土壌を認識するのは間違っている。土壌層位をソーラム（solum）という単位でよんでいるが，ソーラムの上には生物が存在し，またソーラムの下には母岩が存在する。生物と母岩は土壌に不可欠で，土壌生態系を構成する重要な要素であるため，これらも含めて，ペドン（pedon）という単位で土壌を認識するのが，土壌の機能を考えるうえでは重要である。このペドンが単位となって地表面を覆うように土壌が広がっているのである。土壌の厚さは1m前後から，たかだか3mないしは4m程度であり，地殻の厚さからすれば薄い皮のようなものである。しかしながら，陸上のほとんどの生物を育む主要な活動がここでおこなわれていることを考えると，土壌がいかに重要な生態系であるかがわかるであろう。

第9章 Chapter 9 生物多様性と生態系の保全

　生態系の保全に関しては，その重要性が広く認識されているが，保全することの意義はさまざまである。ここでは，生態系を構成する環境と生物群集という観点から，生物群集の保全の意義について考える。

　生物群集の保全とは，生物多様性 (biodiversity) の保全とほぼ同義であると考えてよい。しかし，生物多様性にも，個体群を構成する個々の生物の多様性から，地球生態系を構成する生物群集間の多様性までさまざまな段階があるため，段階ごとに検討する必要がある。ここでは，生物群集の構成要素である個体群と，個体群の集合体である生物群集における生物多様性について考える。

　個体群は単一の種から構成される生物の集合体であるので，個体群の多様性とは種内の多様性と同義である。同種の個体間でもその形質はまったく同一であることはなく，個体間には変異 (variation) がみられる。たとえば，人間の顔ひとつとっても一人一人異なる特徴を有しているが，これを個体間変異という。変異というと，集団の他の個体とは異質な，特殊な形質であるかのように誤解される面があるが，決して特殊な個体という概念ではなく，個体間に認められる違いを指す用語である。

　生物群集の多様性とは，種数と種の分布により評価される概念で，種多様性 (abundance of species) ともよばれる。つまり，生物群集の中にどれほどの種が存在するかという概念である。この中には絶滅危惧種 (endangered species) とよばれ，種の消滅が危惧されている生物もいるが，これらの生物

の遺伝資源の保全も種多様性の保全として重要である。種多様性の概念は，単に種数が多いか少ないかだけではなく，生物群集全体に種が均質に分布しているかどうか，またたとえば河川流域の中にはさまざまな機能をもった生態系がどのくらい存在するかなどの地域レベル，景観レベルでの多様性の概念も含まれ，とくに広域的な場合は景観生態学（landscape ecology）の分野で議論される。以下，種内の多様性と生物群集の多様性について，それぞれその意義を考えてみよう。

種内の多様性

　種内の多様性，つまり単一種からなる個体群でみられる個体間の変異の多様性とは，各個体がもつ遺伝子（gene）の多様性としてとらえることができる。生物がもつあらゆる形態的，機能的性質は，遺伝子であるDNAの塩基配列によって決まる。遺伝子は全体でみれば，種としての共通性をもっている一方で，同種の個体間でみればその情報や発現は完全に同一にはならない。この遺伝情報の違いが，たとえば人間の顔かたちの違いなど，個体間の変異の原因となる。種内の多様性とは遺伝子の多様性のことであり，一つの種の中に，いかに多くの異なった情報をもつ遺伝子が存在しているかを示す指標である。

　種内の遺伝子が多様であることは，どのような点で望ましいのであろうか。遺伝情報が個体間で均質であると，劣性形質（recessive trait）が発現しやすくなる。ふつう有性生殖をおこなう生物では，1組の遺伝情報がのった染色体のセット（ゲノム）をもつ配偶子どうしが接合して，2組の遺伝情報をもつ子孫をつくる（二倍体）。二倍体の生物のゲノム構成において，優性形質（dominant trait）はただ一つの優性遺伝子（dominant gene）があれば発現するのに対し，劣性形質は二つの劣性遺伝子（recessive gene）がそろってはじめて発現する。そのため，個体群の中での遺伝情報の違い（遺伝子の多様性）が少ないと劣性遺伝子が二つそろう可能性が高くなり，劣性形質が発現しやすくなる。劣性遺伝子には個体にとって致命的な形質を発現するものもあるため，遺伝子の多様性が低くなると個体群が絶滅する危険性が高くなる。これは，とくに個体群が分断されて小集団化した際に問題となる。森林の開

発などで森林面積が減少し，そこに生息していた生物が小集団化すると，絶滅の危険性が高くなることを意味している。

　個体群の中の遺伝子の多様性は，変動する環境の中でとくに重要になる。近年，人為的な作用による気候変動が懸念されているが，人為的影響がなくても地球環境は大きく変動する。したがって，生物は常に変動する環境の中で種を存続させていく必要がある。個体群がすべて同一の遺伝子構成をもっているクローン（clone）の場合を考えると，環境に対する各個体の応答が等しいか，あるいは遺伝的に決められた特定の範囲内での柔軟性（可塑性）のある応答だけが可能である。つまり，ある個体が耐えうる範囲を超えて環境が変動した場合，すべての個体が等しく死滅し，種として絶滅することになる。これに対し，個体間での遺伝子の変異が大きく，たとえば温度環境に対して高温に耐性のあるものから低温に耐性のあるものまで多様な個体が個体群を形成している場合には，急な環境変動が起こり，多くの個体が死滅しても，一部の耐性をもっている個体が生残し，種としては存続することができる。このような意味で，遺伝子の多様性は生物種の存続にとって不可欠な要素であるといえよう。

生物群集の多様性

　次に，生物群集の中の多様性，すなわち種多様性の意味について考えよう。よく発達した種多様性の高い森林では，さまざまな種がさまざまな高さに葉群を展開し，階層構造をつくるため，高さに応じて光や温度，水分条件，二酸化炭素濃度などの環境が異なる。つまり，構造が単純な人工林と比較すると，種多様性の高い天然林では環境も多様化する。環境の多様化は，さらにその環境を利用する生物に多様な生活場所を提供し，種多様性はいっそう増大する。このように，生物群集の多様化は，環境をも含めた生態系の多様化につながる。

　では，種多様性が高く，環境が多様化することにどのような意義があるのであろうか。これもまた環境変動との関連で重要であり，生態系が多様化する，すなわち生物間の関係が複雑になればなるほど，生物群集として，また生態系として環境変動に対して柔軟に対応でき，生態系として安定する。人

間もこの生態系の中で生活しているので，人間を含む生物群集の保全には，生態系をできる限り複雑な状態に保っておくことが重要である。

　生物群集での種間関係が複雑化することと生態系の安定性との関連は，生態系のもつさまざまな機能について考えることができるが，ここでは，物質循環の観点からみてみよう。生態系の中では，水や，炭素，窒素などの元素が生物と環境との間で，また生物間で移動し，循環している。この循環が潤滑に動き，つりあいがとれていることが生態系を安定させるうえで重要である。私たち人類が直面している廃棄物の問題も，廃棄物の分解，再利用が廃棄物の発生速度にみあった速度で進行すれば，大量の廃棄物の蓄積は起こらず，環境問題も発生しない。しかし，現状では廃棄物の生成と分解のバランスが崩れているため，これに起因する環境問題が発生している。このような環境の劣化は生物の生存に危機的影響を及ぼすので，物質循環系が崩れた生態系は不安定な生態系であるといえる。すなわち，生態系の安定化には，適正な物質循環系を維持することが重要である。

　たとえば，炭素循環 (carbon cycle) では，大気中の二酸化炭素が生産者 (独立栄養生物) によって有機物として固定され，これが食物連鎖の過程で消費者 (従属栄養生物) に利用され，最終的には分解者によって分解され，再び二酸化炭素として大気圏に戻る。炭素循環にかかわる生産者，消費者，分解者が生態系の中に存在することは必須の条件であるが，消費者に属する生物の中にも段階的に機能の異なるさまざまな種が存在し，そのいずれかが欠けても物質循環系は正常に機能しなくなる。また，物質循環系における機能が類似していても，たとえば同じ段階の植物食の動物間でも摂食する植物の種類が違うように，種によって特性が異なる。このような複雑な食物網をもつ生態系が急な気候変動を受けた場合，環境に対する耐性の相違から，絶滅する種もあり，また生き残る種もある。このとき，たとえば一次消費者として植物食の動物種が多数存在していた場合には，わずかな種しか生残しなくても一次消費者の機能が維持される確率は高い。しかし，種数が少ない生態系であれば，同じ機能を担う種が全滅する危険性が高く，そうなると物質循環系は停止する。

　このほか，特定の生物が異常に大量発生し，農作物に甚大な被害を及ぼす

現象なども生物群集の種多様性が低下したことに起因するものとされている。物質循環系を正常な状態に保ち，生態系を安定させることは，人間の存続にも直接関係する，不可欠な要素である。

生物多様性の評価

　生物多様性を評価する方法として，種数–面積曲線（species-area curve）がある（図48）。これは，ある一つの小さな調査区（単位面積の方形区）を基準として，ここから面積を拡大していき，調査区の面積とその調査区中に存在する種数との関係を表した曲線である。面積を拡大すると種数は単調に増加するが，これを式で表すと，

$$S = c\,A^z$$

の指数関数となる。ここで，Sは種数，Aは調査面積，cは単位面積あたりの種数，zは面積の増加に伴う種数の増加率を表す定数である。この式をアレニウス式（Arrhenius form）とよんでいる。

　cは面積Aを1とした場合の種数であるので，最初に設定した単位面積（通常 $1\,\mathrm{m}^2$）の区画内の種数となり，cの値が大きいほど種多様性が高い。また，

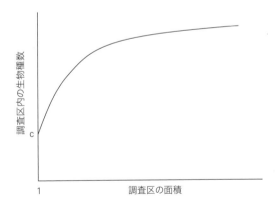

図48　種数–面積曲線の例
　単位面積の調査区から始め，対象面積を拡大していくと，調査区内に出現する生物種数はしだいに増加する。単位面積あたりの種数であるcがα多様度，種数の増加の度合いがβ多様度を示す。

zは面積を拡大していった場合の種数の増加率を表し，zが大きいほど種数の増加率が高い，つまり生物群集が変化に富んでいることを示している。仮に単位面積あたりの種数が多くても，周囲にこれと均質な生物群集しか存在しなければ，面積を拡大しても種数は増加しない。この場合，zは小さな値をとる。逆に，単位面積あたりの種数は少なくても生物群集がたいへん不均質で，近接する調査区内には別種が分布しているような場合ではzは大きな値をとる。定数cは，ある1つの場所の多様度を表わし，これをα多様度（α diversity）という。また，定数zは，複数の環境（生息地）の間の多様度と関係し，これをβ多様度（β diversity）とよんでいる。さらに面積を拡大すれば，森林，河川，農地，都市，沿岸域などを含む複数の生態系間での比較から景観レベルの多様性（γ多様度；γ diversity）を評価することもできる。

種数−面積曲線の応用

　種数−面積曲線は生物多様性の指標として利用されるが，この理論は，もとはガラパゴス諸島や小笠原諸島のような大洋島の生物多様性の解析から得られたものである。大洋島における生物多様性を決める要因としては，島への生物種の供給源となる大陸からの距離と島の面積が重要であることが，さまざまな大洋島の研究からあきらかにされた。すなわち，大陸からの距離が近いほど種の移入が多いため，生物多様性が高くなる。また，島の面積が大きいほど生物種の集団が大きくなり，遺伝的多様性が増すため，小さな島より種の絶滅の危険性が低く，結果として生物多様性が高くなる。

　このような大洋島の生物多様性に関する理論は，たとえば都市にある公園の緑地，寺社の鎮守の森（社寺林）といった人為的に隔離された生態系の多様性の評価にも応用され，土地開発の指針やビオトープのデザインを考えるうえで応用されている。できる限り生物多様性を高くするための緑地の配置を考えたとき，まずはその面積を大きくすることが効果的であるが，屋上緑化など面積が限られている場合には生物種の移動が可能となるような橋かけ（緑の回廊）を設置して緑地どうしを結びつけ，全体としての面積を大きくすることが有効である。さらに，大洋島に対する大陸のように，種の供給源となる場所，すなわち隔離された緑地として保全する場所から近隣にあ

る自然生態系の面積と位置を適正に決め，種の供給源としての機能が維持できるように工夫することが重要である。

絶滅危惧生物

国際自然保護連合（IUCN）では，種の絶滅の危険性をもとに，絶滅危惧種の分類を設けている。もっとも危険性の高いものを絶滅危惧IA類（CR：critically endangered；10年または3世代のどちらか長い期間に50％以上の確率で絶滅する可能性がある），これに次いで絶滅危惧IB類（EN：endangered；20年または5世代のどちらか長い期間に20％以上の確率で絶滅する可能性がある），絶滅危惧II類（VU：critically vulnerable；100年以内に10％以上の確率で絶滅する可能性がある）の3つの基準を設けている。これをもとにして，国（環境省）や都道府県などの単位でレッドデータブック（希少野生動植物種リスト）がつくられている。たとえば，環境省レッドリスト2020によれば日本に生息する動植物のうち，哺乳類は34種，鳥類は98種，維管束植物は1,790種が含まれ，全部で3,716種が絶滅危惧種に指定されている。

種が絶滅する原因はさまざまであり，長い生命の歴史において絶滅は種に運命づけられたものともいえるが，近年の人為作用が種の絶滅を加速していることは事実であり，人為的活動と種の絶滅の関連について十分に考察しておく必要があろう。

種を絶滅に導く最大の要因は，環境の分断化である。たとえば，森林に道路を敷設すると閉鎖的であった森林の一部が開放化される。道路の敷設は，フクロウなど閉鎖的な森林環境が必要な生物の生存に危機的な影響を及ぼすだけではなく，土壌の乾燥化や日照量の増加などの環境変化を森林内部にまで引き起こし，その範囲は道路から数10mから100mにも及ぶといわれている。

人為的な土地利用の改変によって，環境変化が直接生物に生理的な影響を及ぼす他，空間の分断化による生物集団の小集団化を引き起こす。個体群が小集団化すると，遺伝的に近縁な個体間での交配，すなわち近親交配（inbreeding）が起こりやすくなる。すると，先に述べたように劣性遺伝子の

形質が発現しやすくなり，遺伝病の発生頻度が増加する。劣性遺伝子がすべ
て生存にとって好ましくない形質を発現するものでは決してないが，致死的
な形質を発現する場合もあり，小集団化はこのような遺伝子の発現の危険性
を高める。さらに，遺伝的浮動 (random genetic drift) とよばれる，特定の遺
伝子が個体群の中で著しく優占するようになる現象が起こりやすくなり，遺
伝的多様性が減少する。そうなると，先に述べたように，何らかの環境変動
が起こった場合に種が絶滅する危険性が高くなる。

森林生態系

第10章
Chapter 10

森林の構造

　極相林のように成熟した森林では，階層構造が発達する（図49）。森林の
階層構造は，林冠（canopy）すなわち森林の最上層の葉群を構成する樹木群

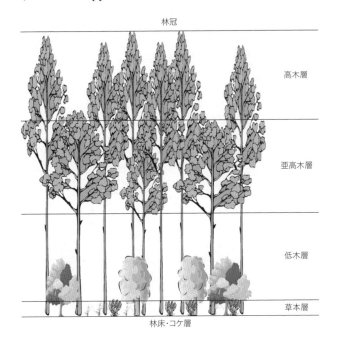

林冠

高木層

亜高木層

低木層

草本層

林床・コケ層

図49　森林の階層構造
　　　よく発達し成熟した森林には高木層（林冠を占める層），亜高木層（林
　　　冠の下を占める層），低木層，草本層，林床・コケ層が認められる。

である高木層，林冠には達せず，林冠の下に葉群をもつ亜高木層，樹高がおよそ1.5〜5mの低木層，地表付近におよそ1.5m以下の層をつくる草本層とおよそ15cm以下の林床・コケ層に分けられる。熱帯多雨林では，高木層の林冠は30〜40mに達するが，林冠の上に突き出た突出木 (emergent tree) とよばれる個体がところどころに存在し，この樹高は60m以上に達することもある (図50)。

　森林内では，葉が光を吸収するため，林冠に入射した光は葉群を通過する過程で減衰する。光の減衰は，相対光強度 (森林の最上部に入射した光強度に対する任意の高さでの光強度の比, relative light intensity) と積算葉面積 (単位地表面積あたりに存在する葉の面積を林冠から順に積算した面積, cumulative leaf area) との関係で示すことができる (図51)。すべての葉が地表面に対して水平についているわけではなく，ある角度をもっているため，葉を地表面に投影した面積 (垂直投影面積) から求めた積算葉面積指数 (積算葉面積指数を地表面積で割った値) を用いると，相対光強度の対数と積算葉面積指数との関係は直線で表される。これは化学でよく知られている

図50　熱帯多雨林
マレーシア・パハン州の森林で，林冠は30〜40mの高さにあり，その上に突出木がみられる。

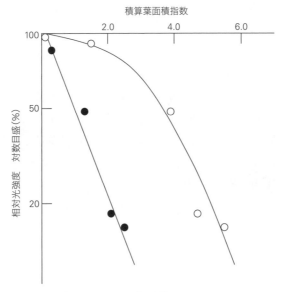

図51　シラカンバ模型林における林内の光環境
森林内では，林冠から林床に向かって光強度が減衰するが，積算葉面積指数を葉の垂直投影面積で示すと，相対光強度（対数）との関係が直線になる（Lambert‒Beerの法則）（荒木，1972を改変）。

Lambert‒Beerの法則である。

　植物の葉は，単に物理的に光を遮るだけではなく，光のエネルギーを用いて光合成をおこなっている。光合成では600 ～ 700 nmの赤色光が多く吸収される。したがって，赤色光の減衰は他の波長の光と比較して大きい。赤色の補色である緑色光は葉に吸収されにくいため葉は緑色に見える。

森林による有機物の生産と蓄積の機能

　生産とは，光合成や化学合成をおこなう独立栄養生物による有機物の生産のことであり，生態系へのエネルギー供給のはたらきである。これは，私たち人間にとっても必須な有機物資源となる。森林は，有機物の生産とともに

に，木材として有機物を蓄積する機能をもっている。樹木が光合成で生産した総一次生産量のうち，呼吸に使われた分を差し引いた純一次生産量が樹木の成長に用いられる。森林の発達過程では，純一次生産量はしだいに増加し，あるところで最大値を示した後わずかに低下し，以後一定となる。森林が十分発達して安定な極相林（climax forest）になると，純一次生産量のほとんどすべてが森林内で生活する消費者や分解者に利用されるため，生態系全体の純生産量はほぼ0となり，生態系への有機物の蓄積と消費がつりあった状態となる。

　地球上での有機態炭素の存在形態をみると，生物体が $650\,Pg$（$Pg = 10^{15}\,g$），化石資源が $3,870\,Pg$，土壌が $1,500\,Pg$ と見積もられている。生物体として存在する有機態炭素のうち木材として森林に蓄積されているものの割合は高く，森林による年間の二酸化炭素吸収量は大気中の全二酸化炭素の5％程度と見積もられている。このように，大気中の炭素をはじめとして，森林は地球環境を調節する機能をもつ重要な生態系であるといえる。

森林の環境調節作用

　森林にはさまざまな環境調節機能があるが，ここでは私たち人間の生活と直接結びつくことがらについて考えよう。

　まず重要なものとして，森林の水や土壌環境の保全機能がある。降水の雨滴がもつ運動エネルギーは，林冠，すなわち樹木の葉群で吸収される。したがって，雨滴が地表面に当たる際の運動エネルギーは裸地より森林内のほうが小さいため，降雨による土壌の侵食が緩和される。また，樹木の根は土壌粒子を物理的に固定しているため，土壌流亡を抑止する機能を有する。つまり，森林は土壌保全の観点からも重要な生態系である。森林に降った降水は土壌表面を流れ，一部は土壌中に浸透して地下水となり河川に流入する。この森林を経由する降水の流れの過程では，裸地に降った雨が河川に直達するよりもはるかに長い時間がかかるため，一時的に森林が水を貯え，徐々に放水する理水機能としてはたらく。これは，水害と干ばつの緩和など河川流量を調節する機能として重要である。さらに，樹木の葉群から土壌，地下水へと水が輸送される過程は物理的，化学的なろ過効果となり水質が浄化される。この

ように，水量，水質の両観点からみると，森林は水源林として重要な機能を
もつ。

　森林には，大気を浄化する機能もある。二酸化炭素を吸収して大気中の炭
素濃度を調節することは上で述べたが，窒素酸化物，イオウ酸化物，オゾンな
ども樹木の葉の気孔から吸収され，分解されることが知られている。森林に
おけるオゾン吸収の研究例では，樹木１本では効果が少ないが，林縁から最
低５～10ｍの奥ゆきをもつ森林ではオゾン濃度は林内で明瞭に低下してお
り，森林はオゾン吸収に効果を発揮することが示された。たとえば自動車の
排気ガスの影響を街路樹で緩和することを期待すれば，ベルト状で厚みをも
たせて樹木を植えると効果が高いことを示唆している。近年，道路の敷設の
際に車線の間に緑地を設ける施工方法がとられることが多いが，ある程度の

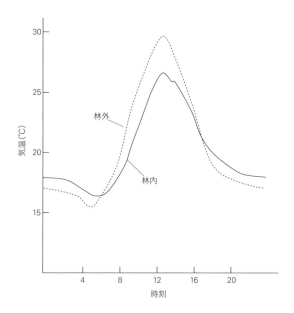

図52　ヒノキ林内外の気温差
　　　林外に比べ，林内では気温の日較差が小さく，森林は気温の緩和作用
　　　があることがわかる（荒木，1995を改変）。

幅がある緑地帯を設けることが大気汚染の緩和に効果的であるといえよう。

　このほか，葉の蒸散（transpiration）により水蒸気が大気中の熱を気化熱として奪ったり，葉群が太陽光を反射することで森林内部の過熱が緩和されるなど，気温変化に対する緩和作用も大きい（図52）。これは，森林内部に限った効果ではなく，森林周辺にも及ぶことがわかっており，都市部に点在する緑地に期待されるヒートアイランド現象を緩和する機能が重要視されている。同様に，森林は防音効果も高く，都市部の緑地はその周辺の騒音の緩和にも役立っている。また海岸などの特殊な環境では，防潮，飛砂や塩害の防除，防霧などの効果も高く，それぞれの環境が抱える問題の緩和に森林が利用されている。

　このような森林の公益目的での機能を維持するために，各種の保安林が設定されているが，その中に魚付き保安林がある。これは，森林が水面に影を作ったり，魚類等に対して養分を供給したり，水質汚濁を防止するなどの作用により魚類の生息と繁殖を助ける目的を持った保安林であるが，森林と海洋の関係は密接で，たとえば，環境中には多く存在するものの水圏には欠乏している鉄を腐植物質に取り込んで水圏に供給する森林の機能は，沿岸海域の生物生産を支える上で重要であると見られている。

森林の生物多様性と遺伝資源保全の機能

　よく発達した森林では，階層構造，すなわち高木層，亜高木層，低木層，草本層のような垂直方向の階層分化がみられる（99ページ参照）。階層構造は，地上部のみではなく，根圏（根が分布している部分）にも発達している。階層構造が発達すると，それぞれの層ではたとえば光強度などが異なるため，環境も多様化する。環境の多様化は，その環境を利用する生物に多様な生息場所を提供することになるので，生物群集もまた多様化する。したがって，平面的な草原と違い，階層構造が発達した森林では，立体的な構造がつくられることで環境が複雑化し，生物群集が多様化する。森林の根圏では，菌根菌との共生や有機物を分解する微生物の生物群集も発達し，結果として土壌圏での多様性も高くなる。このように，発達した森林は地上部，地下部とももっとも生物多様性の高い生態系の一つとなっている。

森林生態系の物質循環

　発達した森林では，その系内での栄養塩類の循環速度が，系外との間の出入りの速度よりはるかに大きい。すなわち，人為的に肥料をまかなくても，土壌で有機物分解により放出された栄養塩類を速やかに再吸収するような森林内部での循環システム（自己施肥系）が形成されている。いわば，肥料の効率のよい再利用システムが構築されているといえよう。

　森林における物質の動きを知るためには，森林に降下する雨や雪，また森林から流出する河川を経由して輸送された物質量を測定する必要がある。降水による物質の流入は，直接雨を採取して降水量を測り，化学分析をおこなうことで物質の種類と量を求めることができる。流出に関しては，渓流の流量と水質を測定する必要があるが，水量に関してはⅤ字型の堰をつくり，そこの水位を測ることで流量を推定する方法がもっとも正確である（図53）。土壌に浸透する水量は，土壌中に埋設した平板（ライシメーター；lysimeter）で水を集めて計測する方法が用いられる。

図53　渓流水の流量の測定に用いるⅤ字堰
　　Ⅴ字堰を用いることにより，水位の計測から流量を求めることができる。

　このような方法で森林での物質の輸送過程を調べると, 森林にはさまざまな緩衝作用 (buffer effect) があることがわかる。たとえば水の pH 変化についてみると, 森林を通過する過程で酸の濃度が低くなり, また季節的に安定していることがわかる。つまり, 降水により供給される酸が森林で緩衝され, 森林から流れ出す渓流の水の pH は季節に関係なく変動が緩和されている。

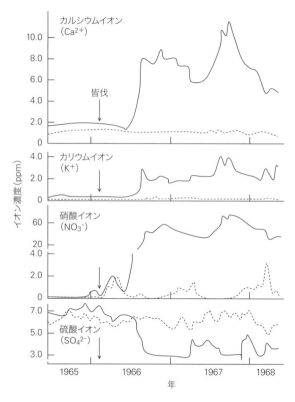

図54　森林伐採による渓流の水質変化

Hubbard Brook 実験林において森林の皆伐をおこなった (矢印) 前後の渓流水中の栄養塩類イオン濃度の変化を示す。実線は皆伐をおこなった地域の, 破線は対照地域の変動を示す。カルシウムイオン, カリウムイオン, 硝酸イオンのような栄養塩類は, 皆伐後流出濃度が増加している。一方, 制限要因とならない硫酸イオンは皆伐後流出濃度が減少しているが, これは流出水量の増加に伴う希釈の結果である (Likens & Bormann, 1975 を改変)。

栄養塩は，一般に森林内で循環する。代表的な栄養塩であるカリウムは森林
への流入も森林からの流出もほとんどなく，ほぼ完全に林内で循環している。樹
木では，光合成をおこなう葉に栄養塩が集積しているが，落葉した葉，すなわち
有機物は土壌中で分解されて無機物，すなわち栄養塩となり，再度樹木の根から
吸収される。さらに，多くの栄養塩は落葉前に葉から回収されて樹木体内に貯蔵
され，翌年の葉の構成に使われる。若い森林では循環過程は完成していないが，
長い年月をかけて森林が成熟すると，最終的にこのような循環系が完成する。

では，このような物質循環系をもつ森林が皆伐されると，物質の輸送はど
のように変化するのであろうか。アメリカの Hubbard Brook における長期的
な観測からさまざまな事実があきらかにされている。まず，森林および土壌
の保水，理水機能が失われるので，降雨時の河川流量が増加し，逆に無降水時
には渇水するといった不安定化が起こる。また，物質循環がとぎれることに
よって，栄養塩類の流出が進む。森林伐採は土地利用の変化の際に多くみら
れるものの，その効果を実測データとして示した例はきわめてまれである。
Hubbard Brook での観測から，樹木をすべて伐採された土地から流出する渓流
水中の無機塩類濃度の変化が示されている（図54）。1966年1月に伐採がおこ
なわれたのち半年ぐらい経過して，カルシウムイオン，カリウムイオン，硝酸イ
オンなどの無機塩類の森林からの流出濃度が増加した。これは，木を切ることで
森林内の物質循環が崩れ，循環していた栄養塩類が森林外に流出したことを示
している。この中で，硫酸イオンはほかの成分とは異なる挙動を示している。イ
オウは生物にとって必須な元素であるが，自然界には十分な量が存在し，植物の
成長を制限する要因にはならないのが一般的である。森林伐採によって硫酸イ
オンの濃度が低下しているが，これは森林から流出する水量が急増し，水によっ
て希釈されて濃度が低下した結果である。カルシウムイオン，カリウムイオン，
硝酸イオンなどの栄養塩類は水量の増加とともに濃度が増していることにな
り，流出した物質の絶対量は森林伐採によって格段に増加したことになる。

熱帯林生態系

森林の中でも熱帯多雨林はとくに一次生産速度が高い生態系として，生物
資源の生産や地球環境の観点から注目を集めている。熱帯多雨林は，高温，多

湿な環境に成立する森林であるため，その一次生産速度はたいへん高い。しかしその一方で，土壌は高温で多雨な環境にさらされるため，風化が急速に進み，また降水による物質の流出が著しい。そのため，強酸性土壌や熱帯ポドゾル（第8章，88 ページ参照）など，生物生産に不適な貧栄養の土壌が多くみられる。

　一般に，熱帯多雨林の土壌での有機物蓄積は，温帯林や亜寒帯林に比べると少ない。亜寒帯域の針葉樹林では，林床に落葉落枝（リター）からなる有機物層（腐植層）が発達し，この腐植層の上にコケや低木が生育することでさらに有機物の多い肥沃な土壌を構成する（図 55）。これに対し，熱帯多雨林では，泥炭湿地林などを除いては有機物の蓄積がわずかである。これは，林床に供給されたリターが，土壌中の分解者のはたらきで速やかに分解されてしまうためである。有機物の分解によって無機化された栄養塩類は，速やかに植物に吸収されて再び一次生産に利用される。このように，熱帯多雨林では生態系内での物質循環速度がきわめて速く，効率の高い再利用システムにより維持されている森林であるといえよう。熱帯多雨林は，一次生産性が高く効率もよい物質循環系で成り立っている生態系であるため，森林伐採などの攪乱で物質循環系がとぎれると，これを回復させるのは困難である。

図 55　亜寒帯域の針葉樹林の林床のコケ層と堆積した腐植層
亜寒帯林の林床には，腐植層の上にコケ層が発達し，有機物蓄積が多い。
これに対し，熱帯多雨林では一般に土壌中の有機物の蓄積量は少ない。

第11章 陸水生態系

Chapter 11

　湖沼や河川など陸地に存在する水を陸水とよび，陸水に関係する環境や生物群集にかかわる学問を陸水学（Limnology，古くは湖沼学とよばれていた）とよぶ。陸水は，地球上に存在するすべての水のなかではわずか0.02％を占めるにすぎないが（**表2**），私たちの生活と密接に関連している資源であるため，その環境維持は重要な課題である。本章では，陸水のなかでもとくに湖沼の環境を中心に概説する。

表2　地球上での水の分布
地球上の水のほとんどは海洋に存在し，生物が利用可能な陸水の割合はわずかである。

場所	容積（km^3）
海洋	1,322,000,000
極地の氷冠，氷床	29,200,000
交換可能な地下水	24,000,000
淡水湖沼	125,000
塩湖と内陸海	104,000
土壌水と準土壌水	65,000
大気中の水蒸気	14,000
河川と渓流	1,200

湖沼の光環境

　水分子は光を吸収し，また散乱する。したがって，湖沼の表面に入射した光は，深度の増加に伴って減衰する。湖水の中での光強度の減衰は，次式のLambert‒Beerの法則に従う。

$$A = \log (I_0/I) = a\,b\,c$$

　ここで，A＝吸光度，I_0＝湖面での光強度，I＝その深度での光強度，a＝吸光係数（物質と波長に固有な値），b＝深度（光路長），c＝吸光物質の濃度である。深度と光の減衰との関係は，しばしば相対光強度（relative light intensity），すなわち湖面における光の強さに対する相対的な光強度で示し，相対光強度の対数は深さに対して直線関係で示される。波長によって減衰の程度が異なる。一般に，物理化学的な光の散乱，吸収による減衰は短波長の光より長波長の光のほうが大きい。減衰の大きな長波長の赤色光はさらに植物の光合成に利用されるため，湖沼ではその生物的要素も加わっていっそう減衰が大きくなる。

　水中での光の減衰は照度計や光強度計を用いて計測できるが，より簡便な方法として透明度（transparency）が古くから用いられてきた。透明度は，直径25〜30cmの白色円板，もしくは白黒に塗り分けた板（セッキ板；Secchi disc）を沈めてゆき，これが目視できなくなる深さをもって定義される。これまで計測された透明度の最大値は摩周湖における41.6mであるが，現在ではバイカル湖がもっとも透明度の高い湖であるとされている。有光層（euphotic layer, photic layer）は，水生植物や藻類，植物プランクトンによる光合成がおこなわれる層で，相対照度（relative irradiance）が1％で，透明度のおおよそ2倍の値に相当する。これはセッキ板が目視できる相対照度がおおよそ1％であるが，目視では湖面に入射した光がセッキ板で反射して再び湖面に戻る往復の経路での光の減衰を観測しているので，有光層はおおよそ透明度の2倍の深さとなる。透明度は季節変動を示し，湖面が氷で覆われる時期や，プランクトンの増殖が活発な時期には低くなる。

湖沼の温度環境

　深さが5m程度以上ある湖沼では，季節により湖水の動きに変化がみられる。そのようすは気候帯によって異なるが，温帯域の湖沼では，通常，垂直方向の水の循環が起こる循環期 (circulation period) と，湖水の循環が停止する停滞期 (成層期；stagnation period) が交互にみられる (図56)。これは，温度による水の密度変化が原因で起こる物理現象である。水の密度は4°Cで最大となり，また比熱 (specific heat) が大きいため，気温が高い季節には上層が暖められて軽くなり，下層が低温で重くなり，物理的に安定な構造をとる。比熱が大きいため深層はなかなか暖まらず，この安定な構造が維持される。気温が低下すると，深層の温度は変化しないまま，表層の水温だけが低下する。やがて表層と深層とで温度差が小さくなると，上層と下層の密度差が小さくなり，物理的に不安定になって循環が起こる。さらに気温が低下し

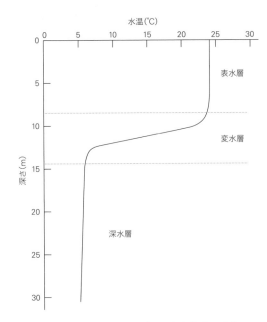

図56　停滞期 (成層期) の湖水の温度の垂直分布の例
　温帯域にあり夏に停滞期がみられる湖沼では，相対的に高温で低密度の表水層と低温で高密度の深水層の間に温度勾配が大きい変水層が形成され，安定な構造をとる (Wetzel, 2001 を改変)。

て，表層の温度が 4°C 以下になると，再び上層が軽く下層が重い，物理的に安定な構造となるが，表層が凍結すると密度が小さな氷が表面に浮いた構造となり，さらに安定な停滞期となる。このように，冬季に凍結する湖沼では夏と冬に年2回の停滞期があり，この間に2回の循環期がある。また，凍結しない温帯域の湖沼では，夏に1回の停滞期があり，これ以外の時期は循環する。

　湖水の温度環境は，循環期には垂直方向の温度勾配がほとんど認められないが，停滞期には特徴的な温度勾配を示す。湖水の温度環境は一様に変化するのではなく，水温が一定の表水層 (epilimnion)，急激な水温変化を示す変水層 (metalimnion, あるいは水温躍層；thermocline)，さらにその下層に水温が一定の深水層 (hypolimnion) の3つの層が形成される (図56)。このため停滞期は成層期ともよばれる。

　停滞と循環の季節パターンは気候帯によって異なる。先に述べたように温帯域でみられる夏冬に2回停滞期がある湖沼，夏に1回停滞期のある湖沼のほか，より寒冷な地域では冬に1回停滞期のある湖沼や，表層の一部でのみ循環が起こる湖沼，また熱帯地域では，頻繁に循環が起こる湖沼や循環がほとんど起こらない湖沼など，さまざまなタイプがある。

栄養塩回帰の季節性

　湖沼の化学環境，とくに栄養塩類の動きには光環境と温度環境が大きくかかわっている。植物プランクトン (phytoplankton) は光を必要とするため，湖沼の表層付近の有光層でしか生育することができない。植物プランクトンは動物プランクトン (zooplankton) や遊泳生物 (nekton；魚類など) といった消費者に摂食される。停滞期には湖水の垂直方向の循環がないため，重力により有機物が沈降し，湖底の分解者によって分解されたのちに回帰した栄養塩類は深水層に蓄積する。深水層は暗く，植物プランクトンが生育できないため，栄養塩類はほとんど再利用されないまま蓄積する。一方，表層は貧栄養となり，植物プランクトンの増殖は抑えられる。また，酸素の供給は大気から湖面の表層に溶解するのみであるので，深水層への酸素の輸送は制限され，湖底の分解者が酸素呼吸をする結果，深水層は貧酸素環境になる。停

滞期に続く循環期の初期には，湖水の循環によって深水層に蓄積した栄養塩類が表層へ輸送される。すると，貧栄養であった表層に栄養塩類が供給され，これを利用して植物プランクトンの急激な増殖が起こる。夏に停滞する湖沼では，循環は秋から初冬にかけての時期に開始するので，この時期に植物プランクトンによる生産が高くなる。

湖沼の富栄養化

湖沼は，栄養塩が多く生物量が多い富栄養湖 (eutrophic lake) と，栄養塩が少なく生物量が少ない貧栄養湖 (oligotrophic lake) に区分される。一般に，富栄養湖では種間競争に優位な少数の種が優占するため生息できる生物は特定の種に限定されるが，貧栄養湖では種数は比較的多い。また，富栄養化が進むと，シアノバクテリア (ラン藻類) のアナベナやミクロキスティスなどの群集がつくるアオコや渦ベン毛藻がつくる淡水赤潮が発生し，異臭や生物に有害な物質が生成するなどの水質変化が起こる。

富栄養化に伴う化学的環境変化として重要なのが，停滞期に深水層が還元的になる点である。先に述べたように，停滞期には酸素が深水層へと輸送されないため，深水層では分解者の呼吸により酸素が消費しつくされ，貧酸素の状態となる。これがさらに無酸素状態となり還元的な環境になると，有毒なアンモニアや硫化水素 (H_2S) の生成，二価鉄イオン (Fe^{2+}) やマンガンイオン (Mn^{2+}) などの金属の溶出が起こる。マンガンは酸化的環境では二酸化マンガンとして不溶性の状態で存在するが，還元的環境ではマンガンイオンとなり水中に溶出する。これが停滞期に深水層にとどまっている間は問題は少ないが，循環期になって表層に輸送され，河川に過剰に流出すると有毒物質として流域の生物に影響を及ぼす。人工的な湖やダムでは停滞期に深水層から取水する場合があるので，この水に有害物質が含まれないように注意する必要がある。

富栄養湖と貧栄養湖の化学環境を比較すると，その違いはとくに停滞期に顕著に現れる。溶存酸素濃度は，貧栄養湖では深層までほぼ飽和状態であり，低温の深水層でやや上昇する程度の変化しか認められないが，富栄養湖では深水層で無酸素状態となる (図57)。二酸化炭素 (全炭酸；水中に溶け

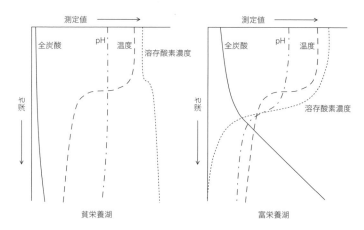

図57 貧栄養湖と富栄養湖の停滞期における溶存酸素濃度, 全炭酸, pHの垂直分布の比較

貧栄養湖では溶存酸素, 全炭酸, pHは垂直方向でほぼ一定であるが, 富栄養湖では深水層で分解者の酸素吸収量が多く, 溶存酸素の減少と全炭酸の増加, およびこれに伴う pH の低下がみられる (Wetzel, 2001 を改変)。

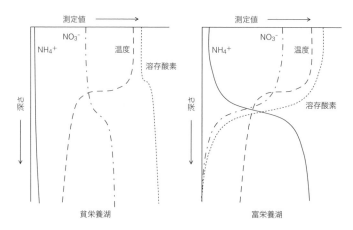

図58 貧栄養湖と富栄養湖の停滞期における溶存酸素, アンモニウムイオン, 硝酸イオン各濃度の垂直分布の比較

貧栄養湖ではアンモニウムイオン (NH_4^+), 硝酸イオン (NO_3^-) は垂直方向でほぼ一定であるが, 富栄養湖では深水層における溶存酸素の減少に伴うアンモニウムイオンの増加と硝酸イオンの減少がみられる (Wetzel, 2001 を改変)。

込んでいる無機態の炭素の総量) は酸素と逆の傾向を示し, 富栄養湖の深水
層で濃度が高くなる。二酸化炭素の増加に対応して, pH は低下する。特別な
物質の負荷がない湖沼を調和型湖沼 (harmonic lake) とよぶが, 調和型湖沼
では湖水の pH と水中に溶存した二酸化炭素 (炭酸) の形態は対応している。
すなわち, 中性付近では炭酸水素イオン (HCO_3^-) として存在する割合が多
く, ここからアルカリ性に偏ると炭酸イオン (CO_3^{2-}) が, また酸性に偏ると
分子状の炭酸 (H_2CO_3) あるいは二酸化炭素 (CO_2) の割合が増える。陸上植
物は二酸化炭素を光合成に利用するが, 水生植物の多くも同様である。しか
しながら中性付近の水中には分子状の二酸化炭素が少ないので, 光合成活性
は制限される。一部の水生植物は, 炭酸水素イオンを脱水して二酸化炭素に
変換する炭酸脱水酵素をもち, 中性付近でも水中の炭酸水素イオンを利用し

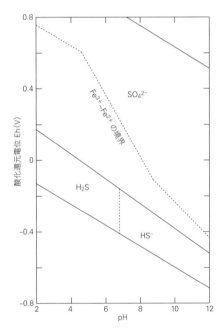

図59 イオウの電位–pH図
水系では, pH と酸化還元電位に対して平衡状態での安定な化学種が決
定する。SO_4^{2-} の上限, および H_2S, HS^- の下限の外では, 水の電気分解
が起こるため, 安定な化学種は存在しない (Hem, 1960 を改変)。

て光合成をおこなうことができる。

　窒素は，酸化的環境では硝酸イオン（NO_3^-），還元的環境ではアンモニア（NH_3）ないしはアンモニウムイオン（NH_4^+）が安定な形態であるため，富栄養湖の深水層ではアンモニア態窒素濃度が増加する（図58）。

　先に述べたように，富栄養湖では停滞期に深水層の溶存酸素濃度が低くなり，還元的環境になりやすい。このような環境下では二価鉄イオンやマンガンイオンなど生物に対して有毒な物質が溶け出す危険性が高いが，どのような物質が溶け出す可能性があるのかを評価する指標として，酸化還元電位（redox potential, Eh）が用いられる。これは，水溶液中に浸した白金電極が溶液と平衡となった状態で示す電位で，酸化還元電位が高いと溶液は酸化的で，酸素が豊富な状態であるといえる。酸素が欠乏して溶液が還元的になると酸化還元電位は低下する。この酸化還元電位と pH に対応して，平衡状態での安定な化学物質の形態が決定する。これを図示したものが電位−pH 図である（図59）。たとえば，イオウの電位−pH 図から，酸化還元電位が高い状態では硫酸イオン（SO_4^{2-}）が安定な形態であるが，酸化還元電位が低下すると有毒な硫化水素（H_2S）が発生することがわかる。実際には，湖水中にはさまざまな物質が含まれているため，反応は複雑で，生成する物質は条件によって異なるが，いずれにしても酸素濃度が低い環境下では，生物に有害な物質が生成する危険性が高く，その危険性を評価する際に酸化還元電位はたいへん有効な指標となる。

河川生態系

　河川は，湖沼と同じ陸水生態系であるが，水の流れがある点で湖沼とは異なった地形，水環境，生物群集をもつ生態系がつくられている。河川に関する研究は，治水や利水を主な目的とした河川工学の分野で行われているので，ここでは河川の生物群集とこれに関連する河川環境について概要を述べることにする。

　河川の水の流れは源流部で生じ，この流れを河川次数 1 と表記する。この河川次数 1 の河川が一度合流すると河川次数 2 となり，さらに合流して河川次数 3，4 と増え，最も下流で次数が最大になる。最下流から上流に向かって

最長の距離になる河道を本川とよび，この長さが流路長である。本川に合流する河川を支川，途中で分流（分派）した河川を派川とよぶ。

　河川の上流部では一般に勾配が急で，流れが速いので，土砂が流れる浸食作用が顕著にみられる。自然な河川は一般に蛇行し，流路が大きく変わることで浸食する地域が広がり，これによって河岸段丘などの河岸地形が形成される。浸食された土砂は水の流れによって運搬され，傾斜が緩い平野部に出ると流れが遅くなって堆積する。山地の傾斜が急に緩やかになる遷緩点（遷移点；knick point）では土砂が扇状に堆積し，扇状地（alluvial fan）が形成される。平野部では自然な河川は大きく蛇行し，河道からの氾濫の際に河道の周辺にやや盛り上がった自然堤防（natural levee）が形成される。自然堤防は河川への水の流入を妨げるため，氾濫時に水が溜まりやすい後背湿地（氾濫原；back swamp, back marsh）が形成され，豪雨の際に内水氾濫を生じやすい。河道の変更によって生じた河道跡が湖沼として残ったものは三日月湖（oxbow lake）とよばれる。河口付近では流れが一層遅くなり，また海水の浸入を受けるため，多くの土砂が堆積する三角州（delta）を形成する。

　河川の，とくに湾曲する部分では，瀬（riffle）と淵（deep pool）が存在する。瀬は，流速が早く白波が立つような早瀬とこれより水深が深く流速が遅い平瀬に分けられる。また，平瀬より水深が深く流速が緩やかな場所には淵が形成される。瀬と淵では流速や水深，また後に述べる河床材料が異なるため，それぞれの環境に適応したさまざまな種が生息している。下流部の平水時の流れが非常に遅いかまたはほとんど止水部となっている場所には，堆積した土砂に囲まれた開水面（池）が形成され，流路と一部接続しているものを「わんど」，流路から独立しているものを「たまり」とよんでいる。これらの開水面は，水生植物群集が発達し，河川とは異なった安定した生息場所となるため，河川の生物群集とは異なる生物群集が見られたり，出水時に河川生物の避難場所となったり，あるいはビオトープを構築する場として利用されるなど，生物多様性の高い生物群集をはぐくむ場となっている。また，河岸から切り離された島状になった堆積地形を中州とよぶ。

　河床は，流路内の岩石や流域から運搬され堆積した土砂から構成され，上流から下流，あるいは瀬と淵などの地形によって異なる河床となり，また出

水時には大きく変化する場合がある。河床を構成する岩石や土砂を河床材料と言い，粒径の大きさで礫，砂，シルト，粘土に区分する。これらの区分の基準は，土壌学，地質学などの分野によって多少異なるが，おおよそ，粒径 2mm より大きな粒子を礫，2mm を基準に，その 1/10 までの粒子を粗砂，さらに粗砂の 1/10 までを細砂（粗砂と細砂は区別しない場合もある），さらに細砂の 1/10 までをシルトとし，これ以下の粒径の粒子を粘土とよぶ。一般に，上流では粒径が大きな礫が主な河床材料となっており，下流に向かうにつれて砂，シルトの割合が増加し，河口域 (estuary) では粘土が主な河床材料となっている部分が見られる。河口域では，流路の中心に近い側に粘土の多い河床が形成され，河岸側が砂質になる場合が多い。このような河床材料の違いで，植生が異なり，代表的な抽水植物 (emergent plants) であるヨシは砂質の場所で優占する。さらに河岸の陸側には河畔林が成立している場合がある。

　河川水質も生物群集との関係で重要であり，湖沼と同様に富栄養化の問題が起こっている。河川水質に応じて生息する生物種が異なり，生物種構成から河川水質を評価することができる。環境省により開発された日本版平均スコア法による水質評価法は，基本的に科レベルで水生生物を同定することで水質評価を行う簡便な方法で，広域的に客観的に評価できる有効な手法である。水生生物としてはもっとも汚染の少ない水に生息するガガンボカゲロウ科，アミカ科から，中程度の汚染度の水域の指標となるオナシカワゲラ科，ゲンゴロウ科，ホタル科，最も汚染された水域の指標であるチョウバエ科，サカマキガイ科など 39 の科 (環形動物については綱) が選ばれている。

　河川は人の生活と密接に関係した生態系であり，洪水を防ぐための治水や水資源の確保のための利水を目的として，河川改修工事が行われたり，多くの人工構造物が設置されたりして，自然な河川の状態が維持されている河川は、わが国ではまれである。しかしながら，河川生態系は多様な生物の生息環境を提供し，人の生活の中でもやすらぎを与える重要な生態系であるため，近年，景観や親水に配慮した多自然川づくりが行われている。多自然川づくりでは，可能な限り自然な河岸や河道内植生を残したり，付近に産する岩石を用いて護岸を行うなどの工法が取られている。また、人が簡単に，安

全に川と接することができるような親水公園も多く整備されている。

　河川生態系では，海と河川の間で通し回遊（migration）を行うサケ，アユ，ウナギなどの魚類も重要な河川生物群集の構成種となっているが，治水・利水のために設けられた堰は，これらの回遊魚の移動の障害となる。そのため，さまざまな魚道（fishway, fishladder）が堰に設置され，回遊魚の移動を妨げないような工夫がされている。魚類の種類によって，また発育段階によって，遡上に適した勾配や流速が異なるため，魚道の設計では目的とする回遊魚の特性に合わせた構造に設計する必要がある。また，容易に魚道が設置できない場合には，パイプを用いた簡易な魚道も考案されている。

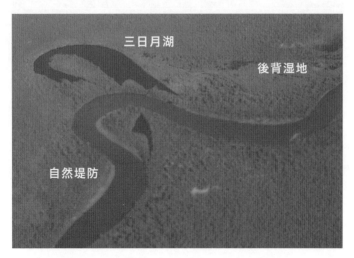

図60　河川の蛇行と河川地形
平野部を流れる自然な河川は大きく蛇行し，河岸には盛り上がった自然堤防，その外側には後背湿地がつくられる。河道が変わって本川から切り離された古い河道は三日月湖として残る。

図61　魚道

　回遊魚の移動を妨げないように、堰には魚道が設置されることが多い。
魚類の種類により、また遊泳能力の違いにより、勾配や流速を制御して
設計される。

第12章 海洋生態系
Chapter 12

海洋の特徴

　地球表面の約71%を占める広大な海洋には，地球上の水の97.5%が存在しており，陸地や淡水域とは異なる連続した一つのまとまりをもっている。海には潮汐 (tide)，すなわち日周期の変化 (満潮, 干潮) と月齢周期 (大潮 (spring tide)，小潮 (neap tide)) による潮位変動がみられるのが特徴で，さらに季節や地形によっても変化する。海水の塩分は場所による違いもあるが，平均して3.5%であり，その成分は Na^+ と Cl^- が86%（重量比）を占め，残りは Mg^{2+}, Ca^{2+}, K^+, SO_4^{2-} などである。太古，生命は海水中で誕生したと考えられているが，その理由として，私たちの血液の成分と海水の成分の元素量の組成がきわめて類似していることがあげられる。

　海洋は，外洋 (oceanic region) と浅海 (neritic zone) に大別される。浅海はさらに陸域からの距離と水深によって，陸域と接した海浜帯 (coastal zone)，陸棚上の大部分を占める沿岸帯 (littoral zone) に分けられる。陸上生態系に比較すると多様性が低いといわれる海洋生態系ではあるが，それぞれに特徴的な生態系が成立している。

　海洋に生息する生物種は約16万種で，陸上の100万種に比べてはるかに少ない。これは，海洋の環境が陸上の環境に比べて単調で，穏やかなためと考えられている。高い塩分は高い浸透圧環境をもたらし，海洋に生息する生物はこれに適応している。この章では，外洋から浅海にかけてみられる生態系の特徴と海洋生態系における環境問題について解説を行う。

外洋でみられる生態系

　外洋の表層には，生産者としての植物プランクトン，一次消費者や高次の消費者としての動物プランクトン，魚類，甲殻類，軟体動物，海獣類からなる生態系がみられる。ここは，一般に貧栄養であるが，比較的富栄養な生産性の高い海域には海鳥類が多く，高次消費者としての海鳥類の役割は重要である。一方，深海底域には太陽光が到達しないため，光合成生物の生息には適さないが，生物的発光器官をもつチョウチンアンコウなどの動物が生息しており，この光を捕食活動に利用している。生物発光にはさまざまな目的があると考えられているが，まだ十分には解明されていない。海洋プレートが沈み込む活動的な漸深海底帯（bathyal zone）には，海溝，トラフ，海山などの地形が発達し，ここにみられる，硫化水素やメタンを含んだ海水が断層から湧出する湧水域では，これらの酸化反応で得られる化学エネルギーを用いて一次生産を行う化学合成細菌が生産者となった生態系が形成されている。

浅海の特徴とここに形成される生態系を構成する代表的な生物

　浅海とは，大陸から続く大陸棚（continental shelf）に広がる浅い海域を指し，水深約 200 m まで（平均約 130 m）の範囲が含まれる。大陸棚は，法的には，海洋法に関する国際連合条約により沿岸国の管轄権が及ぶ範囲として定義され，200 海里（約 370 km; 領海，接続水域，排他的経済水域を含む）までの海底および海底下とされる。

　最も陸に近い部分，とくに低潮時における水深が 6 m を超えない海域はラムサール条約で湿地として扱われている（第 13 章参照）。ここは潮間帯（intertidal zone）（後述）にあたり，マングローブ（mangrove），サンゴ礁（coral reef），藻場（seaweed bed）に代表されるような，生物多様性や生産性の高い生態系が形成されている。

　藻場には，コンブやホンダワラなどの藻類（海藻）からなる群落と種子植物のアマモなどが優占する海草（sea grass）からなる群落がある。これらの藻場のバイオマスは陸域の草原と比較すると低いが，純一次生産量は草原

の最大2倍にもなる。

　温暖な浅海に広く分布するサンゴ礁を構成する刺胞動物門に属するサンゴは，石灰質の骨格をもち，体内に褐虫藻を共生させている。褐虫藻により生産された有機物はサンゴ自身やサンゴ礁にすむ甲殻類，魚類などに消費され，これらの生物はさらに上位の捕食者に消費される。サンゴ礁内には分解者も生活する。これらのことから，すべての生態系の中でもっとも生物多様性に富み，生産性が高い生態系を形成するといわれている。

潮間帯の特徴

　浅海の中でも潮間帯は陸地と海洋の境界に位置し，潮汐による海水面の昇降によって周期的に大気中への露出と水没を繰り返す部分である。海洋でもっとも地形や環境条件が複雑で，そこに棲む生物は種数，量ともに豊富である。これらの生物にいちばん大きな影響を及ぼす環境要因もやはり潮汐である。温帯域で大潮の高潮線と低潮線の差（潮位差）が最大になるのは春分前後となる。また，潮間帯の一次生産量は熱帯多雨林に匹敵するともいわれている。生産性の高さに加えて，潮間帯は人間が接近しやすい地域でもあることから，古くから水産などの産業にも利用されてきた。

　潮間帯の代表的な環境の一つに岩礁がある。ここに生息する生物の多くは付着性のもので，その分布はとりわけ潮汐に伴う潮位変動に支配されており，地理的に異なる場所でも共通の帯状構造（zonation）を示すことが知られている（図62）。岩礁でみられる帯状構造は，一般に潮上帯（supralittoral zone），潮間帯，潮下帯（sublittoral zone）の3つの生息環境が区分される。潮上帯は岩礁の高い部分で，乾燥に耐えうる生物だけが生息できる。潮間帯は岩礁の中間の幅広い部分を占める。1日のうちに陸上になったり海中になったりする部分であるため，環境の変化に強い生物が多く，懸濁物食のフジツボ類，イガイ類，カキ類などが優占する場所である。潮間帯の上縁部にはタマキビ類がみられ，この付近が波当たりによる影響の上限となる。潮間帯の下縁部より下が潮下帯であるが，ここは常に海中となる部分である。生物にとっては安定した環境で，海藻やホヤ類，コケムシ類などがみられる。この

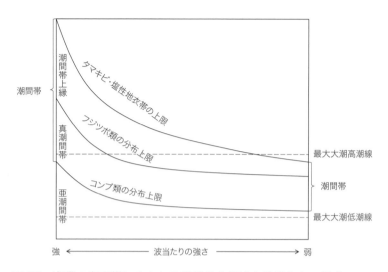

図62　岩礁の潮間帯にみられる帯状分布構造と波当たりの強さ
岩礁に付着する生物の分布は潮汐に伴う潮位変動に支配され，地理的
に異なる場所でも共通の帯状構造を示す（Lewis, 1972 を改変）。

ような付着生物の帯状構造は，内湾でも港湾域などの垂直護岸でみることが
できる。

干潟の特徴

　干潟（tidal flat）も潮間帯に位置する地形の一つで，河口部や内湾に形成さ
れる砂泥の平面的な部分をいう。干潟はその地形的特長から，河口干潟，潟
湖干潟，前浜干潟，入江干潟に分類される。このうち，前浜干潟は有明海や
三河湾，東京湾のような内湾の海岸線に沿って形成されるもっとも面積が広
い干潟で，安定した環境が維持され，生物多様性も高い。

　前述のように岩礁に生息する生物群はおもに付着生物（periphyton, attached
organisms）であったが，干潟（tidal flat）では砂泥中に埋没して生活する底生
動物（zoobenthos）が大部分で，二枚貝類，多毛類，甲殻類などが優占してい
る。この理由として，干潟表層は温度，塩分，乾燥などの環境変動が大きく，
生物にとって厳しいストレスになるのに対し，干潟内部では変動幅がずっと
小さくなり，比較的安定した環境になるためである。そうはいっても，これ

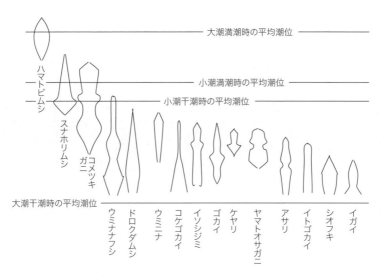

図63 干潟に生息する底生動物の帯状構造

九十九里海岸―宮川河口干潟の例から,岩礁ほど明瞭ではないが,干
潟でも潮上帯から潮下帯にかけて潮汐の影響による帯状の垂直分布が
みられる(秋山,1996を改変)。

らの底生動物の多くは干潟表面や海水中の植物プランクトンやデトライタ
ス(死んだ生物体などからなる有機物粒子;detritas)を餌としており,また
酸素の供給を受ける必要があるため,一般的には10cm以浅の表面付近で種
数,現存量とももっとも多くなっている。

　干潟は土地が平坦で,かつ,生物の存在が地表から見えないことから岩礁
ほど明瞭ではないが,干潟でも潮上帯から潮下帯にかけて潮汐の影響による
帯状の垂直分布がみられる(**図63**)。干出の度合いの大きい干潟の潮上帯の
部分では,イワガニ科のカニ類(ハマガニ,アシハラガニなど)のような乾
燥に適応した種が少数優占している。干出の度合いの小さい干潟の潮間帯
から潮下帯の部分になると,スナガニ科のカニ類(チゴガニ,ヤマトオサガ
ニなど)やヘナタリなどの巻貝類,アサリやハマグリなどの二枚貝類,ゴカ
イなどの多毛類が一般的にみられ,種の多様性が急激に増加する。

内湾域の生態系

　内湾 (inner bay) とは，その大部分を陸地に囲まれ，水深が100 mより浅く，湾口があまり広くない海域をいい，閉鎖性海域 (closed water area) ともいわれる。このような海域では外海水との海水交換率が低いため，湾内の水が長く滞留するという特徴をもつ。このため，内湾は陸上からのさまざまな影響を強く受けることになる。湾内の海水の垂直方向の動きは，第11章で述べた湖沼と同様に季節 (気温) によって変化し，温帯域では循環期と停滞期がみられる。しかしながら，ほとんどの場合，湾内には河川水など淡水の流入があり，海水の動きは水温だけでなく，塩分の影響も受けることになる。一般に，内湾や河口域では淡水の流入によって塩分の低下した軽い水が上層を湾奥 (河川) から湾口に向かって流れるのに対し，下層では海水本来の高塩分の重い水が湾口から湾奥に向かって流れるという動き (塩水くさび) がみられる。このような上層と下層の逆行する流れによって，とくに流速が大きい場合には，垂直方向の水の循環，すなわち河口循環流 (estuarine circulation) が卓越する場合が多い。河口循環流は，還元的な底質中で可溶化したリンなどの栄養塩を上層に運び，これを沿岸域に供給する機能をもっている。内湾では，このような淡水の影響のほかにも，波や流れの強弱によって，湾口から湾奥にかけての環境傾度が大きくなることが多い。水の動きの影響は海底の堆積物に強く反映され，湾口部は海水の動きが大きいために砂質底で，湾内に入るとしだいに波や流れが弱くなって泥が増加して砂泥底や泥底となり，湾の奥部では微細な堆積物が溜まり，ヘドロ状の海底となっているところが多い。一般に，砂質底には甲殻類が多く，砂泥底から泥底では多毛類や二枚貝類が優占する傾向がみられる。

　内湾 (閉鎖性海域) では，富栄養化 (eutrophication) に伴う赤潮 (red tides) と貧酸素水 (oxygen deficient water) が発生しやすい (図64)。内湾の海水は陸上からの淡水の影響を受けるため，外海水に比べてはるかに多量の栄養塩を含んでいる。このため，内湾では豊富な栄養塩類を利用して，植物プランクトンの増殖 (一次生産) が盛んであることが多い。このような海域に，人間活動によって，さらに窒素やリンなどの栄養塩類が付加されると海水の栄養塩濃度が上昇し，特定のプランクトンが異常増殖して赤潮が発生するよ

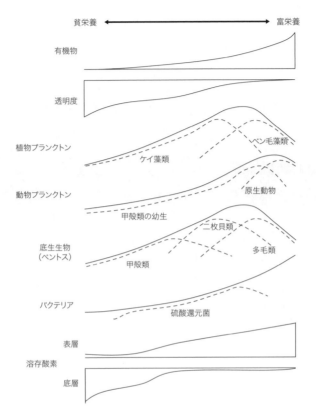

図64 内湾における富栄養化の過程でみられる環境および生物相の
変化
富栄養化と貧酸素化により，プランクトン，底生生物，バクテリアの
種組成が変化する（柳，2005を改変）。

うになる。赤潮の発生は，水温が上昇する初夏から秋季によくみられる。こ
れは，高水温ではプランクトンの増殖が速まることと，水温と塩分の両方の
影響を受けると湾内に安定な成層構造ができやすくなることに起因してい
る。大規模なものや毒性のあるプランクトンによる赤潮は魚や貝類をへい
死させ，多大な被害を与える。また，赤潮の後，死滅したプランクトンは海
底に大量の有機物として沈降し，ヘドロ状の堆積物となって溜まり，その有
機物が分解者によって分解される過程で，水中の酸素が多量に消費される。

その結果, 海底付近の海水が貧酸素化する現象が発生する。貧酸素化した海水は, 海底に生息する底生動物に大きな影響を与えるとともに, 風が強く吹いて起きる吹送流 (wind-driven current, drift current) によって海岸の表層に浮上してくることがある。貧酸素水の状況は各地でいろいろな名称があるが, 東京湾では青潮とよばれ, 干潟のアサリなどの二枚貝類が大量にへい死して大きな被害がでている。

海洋循環と地球環境

海面上を吹く卓越風による摩擦, また海域による海水の温度差や塩分濃度の違いから生じる海水の密度分布の差により, 地球規模での海水の循環, すなわち海洋循環 (oceanic circulation) が起こる。海洋循環は, 熱や栄養塩を輸送し, 海洋生態系の一次生産や陸域の気候に影響を及ぼす。暖流は熱を輸送するため, 比較的高緯度地域でも暖流が到達する海域では一次生産速度が高くなる (図 27)。逆に, 寒流は低温の海水を輸送するため, 低緯度地域に到達すれば周囲の水蒸気を多く含む大気が寒流上に達して霧が発生する。北海道東部の太平洋側は夏季にこのような機構で霧が発生し, 低温や日照不足となる (第 6 章, 63 ページ参照)。この粒子径の小さい霧は海塩を取りこみやすいため, 栄養塩を海水中から陸域生態系へと輸送するはたらきをもつが, 陸域では塩害の発生原因ともなっている。寒流と暖流が出会う潮境 (boundary of water-masses) は三陸沖などで生じるが, 寒暖両水域の魚類がみられることと, 湧昇流が発生して栄養塩が海面近くにまで到達し一次生産が高くなることから, 良好な魚場となっている。

地球環境と海洋循環の関連で重要な現象として, エルニーニョ (大気と海洋の一連の変動現象としてみるとき, エルニーニョ・南方振動；ENSO とよばれる) がある。これは, 東太平洋赤道域の海水温が平年に比べて 1 ～ 2℃ 上昇する現象で, 1997 ～ 1998 年に発生したエルニーニョでは 5℃ も上昇した。太平洋東部には冷たい海水の湧昇流があり, これが高気圧を形成するため, 太平洋の赤道上では貿易風 (東風) が吹き, これにより赤道上の暖かい海水が太平洋西部に赤道海流として到達する。エルニーニョが発生するとこの貿易風が弱まるため, 暖かい海水は太平洋中央部や太平洋東部に滞留し, こ

この海水温が上がると同時に太平洋西部で下がる。結果として太平洋西部が相対的に高気圧となって降水量が少なくなる。太平洋西部のインドネシアでは，エルニーニョが発生すると乾季の降水量が極端に少なくなり，この地域に広がる泥炭地では渇水状態となる。排水が進んだ泥炭地では泥炭の表層が極端に乾燥し，樹木の水分保持量が下がるため，森林火災や泥炭火災が発生しやすい状態となる。熱帯泥炭地域の火災は大規模な二酸化炭素の放出と煙害を引き起こすため，地球規模での環境問題につながっている。

人間活動に伴う海洋汚染や乱獲

海洋汚染は，人間の活動に伴う有害化学物質，固体廃棄物，生活排水や化学肥料の海域への流出，タンカーの座礁による原油流出など，さまざまな原因によって発生する。

海洋汚染に関する重要な問題として，環境中に放出された有害物質の生物濃縮（biomagnification）がある。人間活動で発生する水銀などの重金属や有機農薬などの有害物質が，はじめ水環境中に放出された時点では害を引き起こす濃度に達していなくても，生産者や一次消費者に取りこまれ，より高次の消費者の体内に取りこまれていく過程で濃縮され，食物連鎖の頂点にいる生物に至ると有害な濃度にまで高まる。この過程を生物濃縮とよぶ。生物濃縮されやすい物質は，生物の体内に取りこまれると脂質に溶解するため水に溶けにくく，また分解されにくいために体外に排出されにくい特徴をもつ。そのため，栄養段階を上がるに従って各生物体中での濃度が上昇し，生体に害を引き起こすレベルにまでなる。実際に，栄養段階の最上位に位置するスジイルカに残留する殺虫剤のDDT濃度が環境中の3,700万倍に濃縮された事例が報告されている。アメリカ東海岸 Long Island 近くでの調査から，栄養段階が上がるにつれて生体内のDDT濃度が上がることが示されている（表3）。日本で発生した水俣病は有機水銀の生物濃縮によって発生した公害病であり，現在もなお世界各地で行われている金採掘に伴って水俣病と同様の症例が発生している。

固体廃棄物の投棄も生態系に与える影響が大きい。海洋ではプラスチック片などが浮漂して輸送され，海流や風の向きによって特定の場所に集積す

表3 難分解性殺虫剤DDT類の水圏食物連鎖における濃縮
(Woodwell *et al.*, 1967のデータより抜粋)

試料	DDT残留濃度 (ppm湿重あたり)
水	0.00005
プランクトン (主に動物プランクトン)	0.04
エビ	0.16
Menidia menidia〔トウゴロウイワシの一種〕	0.23
巻貝の一種	0.26
イトヨ	0.26
Anguilla rostrata〔アメリカウナギ〕	0.28
Mercenaria mercenaria〔ホンビノスガイ〕	0.42
Cyprinodon variegatus〔シープスヘッドミノー〕	0.94
アメリカガモ	1.07
Esox niger〔カワカマスの一種〕(肉食魚)	1.33
Strongylura marina〔ダツの一種〕(肉食魚)	2.07
アメリカササゴイ (小動物を捕食)	3.54
アジサシ (小動物を捕食)	4.72
コアジサシ (小動物を捕食)	5.58
セグロカモメ (腐肉食)	7.02
ミサゴの卵	13.8
ウミアイサ (魚を捕食)	22.8
Phalacrocorax auritus〔ウの一種〕(大型魚を捕食)	26.4
オビハシカモメ (雑食性・腐肉食)	75.5

DDTおよびDDE, DDDを含む

る。砂浜に集積した固体廃棄物がウミガメに被害をもたらしており，産卵場所の破壊，これらの破片の誤食，糸状のものが体に巻きつくなどして死亡することが知られている。

　クロマグロなどの水産資源の乱獲による海洋生態系の崩壊も問題になっている。海洋生態系の保全を考えるうえで，近年，海洋保護区の概念が提唱されている。ラムサール条約による湿地の保全と同様に，国際条約による公海の保全を目的とした公海上の海洋保護区の設定についても協議が進められている。

第13章 湿地生態系
Chapter 13

　陸域と水域の境界に位置する湿地（wetlands）は，近年，地球環境や地域環境の観点から重要性が認識されるようになった。湿地，とくに有機質土壌である泥炭から形成される泥炭地（peatland, mire）は，炭素の貯蔵源として大気中の炭素量を調節するので，地球環境の調節にかかわる生態系であるといえよう。また，湿生植物による水質浄化機能は，地域環境の調節とかかわりをもっている。

　湿地は，陸域と水域の性質をあわせもつと同時にこれらが混合した特殊な環境であるので，この環境に適応した生物も特殊で，このような生物の中には希少種も多い。湿地は生物多様性や遺伝資源の保全の面でも重要な生態系である。

　泥炭湿地の場合には水分が多く還元的な土壌環境にあるため有機物が保存されやすく，泥炭を形成する植物などの過去の記録が土壌中に保存されている。たとえば，泥炭層に取りこまれた花粉の変遷を調べることによって，堆積当時の湿地やその周辺に生育していた植物種がわかり，これを手がかりとして気候の変動の歴史を知ることができる。泥炭層の堆積年代は，放射性同位体（radioisotope）を用いた年代測定や，泥炭層に挟まれた火山灰層などから推定ができ，とくに過去1万年の歴史はかなり正確に知ることができる。したがって，土器などが発掘された場合にはその年代の推定が可能で，考古学的な価値も高い。

湿地の分類

　湿地には多様な生態系が含まれるため，湿地の定義もさまざまであるが，

ラムサール条約 (The Convention on Wetlands of International Importance) で定義されている湿地の概念を紹介しよう。ラムサール条約は，重要な湿地（とくに水鳥の生息環境）に関する国際条約（特に水鳥の生息地として国際的に重要な湿地に関する条約）で，2023年2月現在，172ヶ国，2,471湿地 (256,192,356ha) うち日本では53湿地 (155,174 ha) が登録されている。ラムサール条約による湿地の定義は，天然，人工，永続，一時的かを問わず，水が滞っているか，流れているか，淡水か汽水か鹹水 (塩水) かを問わず，沼沢地，湿原，泥炭地または水域をいい，低潮時における水深が6mを超えない海域を含むとされている。この中には，天然の湿地だけではなく人工的な湿地（水田やダムなど）も含まれ，また常に水が存在するところだけでなく，一時的に水がたまるところ（砂漠の中に一時的に現れる河川など）も湿地に入る。

　具体例では，自然湿地としては，一般に湿原とよばれている泥炭地，河川や河川と関係した地形である後背湿地 (back swamp)，三角州 (delta)，扇状地 (alluvial fan) など，塩水，汽水，淡水の大小さまざまな湖，沼，池や，砂浜，磯，サンゴ礁，干潟などの海岸地形などが含まれる。そのほか湧水，井戸，温泉，洞穴なども自然湿地に含まれる。一方，人工的な湿地には，生物生産を目的とした水田，養魚池，ため池など，治山，治水，水利を目的としたダムや貯水池，そのほか庭池や浄水場，汚水処理場なども含まれる。

湿地の土壌環境

　湿地の土壌は，水位が高く，水分含量が多いという点で陸域の土壌とは異質な環境を有している。水への酸素の溶解度は低いため，湿地土壌への酸素供給速度は低く，根や土壌微生物の酸素消費速度が供給速度を上回って酸素欠乏状態になりやすい。貧酸素状態が継続し，還元的な環境になるとメタンや硫化水素などが生成し，土壌中に蓄積する。

　湿地土壌の代表的なものは泥炭である。泥炭は，植物の遺体が十分な酸化分解を受けずに堆積した土壌で，有機質を主体とする。難分解性の有機態炭素を多く含むため，泥炭の形成は大気中の二酸化炭素の固定につながり，地球上の炭素循環を調節することになる。泥炭が失われるということは，ここに含まれる炭素やメタンなどを放出することになる。泥炭地の水位が低下

するなどして泥炭が酸化分解を受けると，黒泥とよばれる漆黒色の土壌が形成される。

　無機質土壌の場合には，地下水に満たされた層が強還元作用を受けると，土壌中に多く存在する鉄が還元されて二価鉄イオン（Fe^{2+}）を含む青灰色を呈するグライ土とよばれる土壌が形成される（第8章，86ページ参照）。グライ層（gley horizon）が現れると，その深さまで地下水が存在することがわかる。また，鉄は酸化されると黄褐色の酸化鉄の沈殿を生ずるが，これが斑鉄を形成したり，あるいは他の鉱物を被覆したりする。これは，鉄の還元環境での溶解と酸化環境での沈殿が繰り返された結果であり，斑鉄が存在すれば，水位の上昇，下降に伴う酸化還元の反復がみられる層といえる。

泥炭地の成立

　一般に湿原といわれる泥炭地は，相対的に水位が高く過湿な場所に成立するが，もとは水面であった場所が陸化して形成される場合と，陸地が湿潤化して形成される場合の二とおりの形成過程に分類される。

　陸化（terrestrialization）は，湖沼から開始する湿性一次遷移である。火山活動などで形成された窪地に水がたまって湖沼が形成され，ここに湖底堆積物が蓄積して浅くなり，やがてヨシやガマなどの抽水植物群落が形成されて泥炭が堆積し，陸化が進んでいく。一方，もともと陸地であった場所が何らかの理由で過湿化し，そこに泥炭地が形成される過程を沼沢化（paludification）とよぶ。過湿化の原因には，河川の氾濫や流路の閉塞による排水不良，または湧水の湧出などがある。北米では，ビーバーがつくったダムによって河道が閉塞され，河岸が過湿化したため形成された泥炭地が多く知られている。

　泥炭地が成立するためには，泥炭の堆積速度が分解速度を上回る，つまり土壌への有機物供給速度が分解速度を上回ることが必要である。これは，泥炭地が炭素を蓄積する系になっていることを意味している。この条件が満たされるためには，水位が高く酸化的分解が阻害されること，低温で有機物を分解する分解者の活性が低いこと，酸性物質の蓄積や貧栄養環境によって分解者の活性や増殖が阻害されることなどがあげられる。これらの条件はすべてが満たされる必要はない。泥炭地は，低温で有機物分解速度が低い高

緯度地域（亜寒帯域）に広く分布するが，条件の異なる熱帯域にも広く分布
している。熱帯域の泥炭地では，高温であるが水位が高く，とくに泥炭の酸
性化が進んでいることが形成の条件となっている。これ以外の気候帯では
あまり発達せず，地球上での泥炭地の分布が高緯度地域と熱帯域に二極分布
する理由についてはまだよくわかっていない。

湿生生物の特徴

　泥炭地に限らず，湿地は特殊な土壌環境を有するため，この環境に生理的
に適応した生物のみが生息可能である。とくに，高水位により土壌が貧酸素
環境になることが，生物の生息を制限する要因として重要である。貧酸素土
壌への植物の適応として，通気組織（lacunar system, aerenchyma）などによる
根圏への酸素の輸送がみられる（図65）。通気組織とは茎や根にみられる地
上部と地下部を結ぶ空洞で，あたかもストローのように気体の通路となって

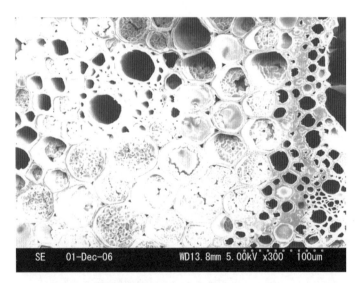

　図65　イ（イグサ）の通気組織
　　　　抽水植物（葉が大気中にあり，根が底質中にある植物）では，茎や根に
　　　　通気組織が発達し，大気中から根圏への酸素の輸送，および根圏から
　　　　大気への二酸化炭素やメタンの輸送路となり，大気と根圏の間のガス
　　　　交換を効率よくおこなっている。

いる。通気組織を通じて大気から根へと酸素が運ばれるとともに，根圏に蓄積した二酸化炭素やメタンは大気へと運ばれ，放出される。このように，気体を効率よく輸送することで，気体の輸送の妨げとなる過湿な土壌環境での生活を可能にしている。

　湿地に生息する生物の生物地理学的特徴として，寒冷地の残存種が多く，しかも隔離分布していることがあげられる。植物ではナガバノモウセンゴケ，サカイツツジ，ホロムイソウなどがあり，また動物にも水中に空気囊を形成して生活するミズグモなどがこのような生物の例である。とくに泥炭地に生育する生物にはこのような例が多いが，これは過去1万年の気候変動と関係している。最終氷期 (the last Ice Age) の終了が今から1万年ないし1万2,000年前であるが，これ以降の間氷期 (interglacial period) に地球は温暖化した。最終氷期の終了直後は現在より寒冷で，地球上には広域的に寒冷域の生物が分布していた。温暖化とともに温暖域の生物の分布が拡大し，寒冷域の生物は極域に残された寒冷な地域に向かって移動した。温暖域の生物が分布を拡大する過程で，湿地のような特殊な環境や高山帯のような寒冷な環境には温暖域の生物が侵入することができず，寒冷域の生物がこれらの場所にとり残されることになった。このようにして，湿地や高山には最終氷期の寒冷域の生物，すなわち残存生物が多数みられ，また湿地自体が現在では隔離分布しているため，おのずから生物の分布も隔離的になる。一例として，ホロムイソウは北海道には多くの分布地があるが，本州では尾瀬と京都市内の深泥池に限られ，極度な隔離分布を示している。
みぞろがいけ

泥炭と地球環境

　泥炭地は炭素を蓄積する系であり，炭素の放出と吸収という点で地球環境と密接に関連をもった生態系である。先に述べたように泥炭地は亜寒帯域と熱帯域に分布の中心があるが，とくに熱帯域の泥炭地への炭素蓄積密度が高い。地球上の泥炭地の面積は約 $4,000,000 \, km^2$ で，陸地面積のわずか3%にすぎない。一方，地球上での全有機態炭素量 $6,020Pg$ ($Pg = 10^{15}g$) のうち，土壌中には $1,500 \, Pg$ 存在するが，泥炭への炭素蓄積量は $329\text{-}525 \, Pg$ と見積もられており，土壌中の炭素の20-35%を占める。このように，面積

はわずかであるが泥炭地には炭素が集積しており, 炭素循環の観点からも泥炭地は注目されている。

近年, 熱帯域を中心として, 泥炭地の農地などへの転換が進み, これに伴い森林火災が高頻度で発生するようになり, 大気への炭素の放出がますます加速されている。さらに, 酸性硫酸塩土壌 (acid sulfate soil) という環境問題も発生しており, 現在最優先で保全すべき地域とされている。

酸性硫酸塩土壌とは, 泥炭層の下に存在するパイライト (黄鉄鉱；pyrite, FeS_2) を含む鉱物層から硫酸が流出して形成される, 強酸性の作物生産に適さない土壌である。もともと泥炭地の形成が開始する前の, 浅い海底やマングローブ, 塩湿地の時代に還元的な土壌環境で鉄とイオウからパイライトが生成し, その後パイライトを含む鉱物層の上に泥炭が堆積して現在の泥炭地が形成された。泥炭が厚く堆積している状態では問題は発生しないが, 農地化などで泥炭層が薄くなり, 泥炭層の下にあるパイライトを含む層に酸素が拡散するようになると, パイライトが酸化されて硫酸が生成する。パイライトの酸化反応は微生物によって進行し, 以下の反応式で示される。

$$2FeS_2 + 2H_2O + 7O_2 \rightarrow 2FeSO_4 + 2H_2SO_4$$

酸化過程で生成した硫酸は土壌を強酸性化するのみならず, 河川に流出して河川生態系 (river ecosystem) を撹乱し, さらには沿岸域に流出して沿岸生態系 (littoral ecosystem) を撹乱する。

なお, 酸性硫酸塩土壌の問題は, 熱帯域の泥炭地に限ったことではなく, 海洋性の泥炭地や塩湿地, マングローブでも広く発生している。とくに人為的に水管理をおこなった場合に発生する危険性が高い。また, ドイツ東部地域では, 褐炭の露天掘りに伴う硫酸の発生, およびこれによる湖沼や河川の強酸性化が各所で起こっており, 土壌, 陸水生態系 (freshwater ecosystem) の修復が急務の課題となっている。

農林生態系

第14章
Chapter.13

農林生態系の物質循環

　農林生態系 (agroecosystem, agricultural ecosystem) とは人工的な生態系であり，作物や林産資源を生産することを主な目的としてつくられたものである。人工的な生態系は，天然林などの自然生態系と物質循環系において顕著な違いがみられる。これまで述べてきたように，よく発達した天然林では，森林内部で物質が循環し，これにより生態系が維持されている。自然生態系では，人為的に施肥をおこなわなくても，落葉落枝 (リター) や動植物の死骸が分解者によって分解され，無機物として土壌中に回帰し，これが再び植物に吸収されて有機物生産に利用されるという自己施肥系が成立している。一方，農林生態系では定期的に人為的な施肥が必要であり，また収穫による系外への物質の持ち出しがある。このような点で，農林生態系は人為的な物質輸送によって成立する開放的な系であるといえる。

　では，実際にどのような物質の流入，流出がみられるのかを実例で紹介しよう。まず，酪農地における窒素収支を定量的に解析した研究例を示す (図66)。この酪農地では，年間，10,019 kg の窒素の流入があり，計測された流出量が 1,515 kg である。しかしながら，流出に関しては，ここに示された過程以外に定量が困難な脱窒素作用，アンモニア揮散，土壌への浸透と流出の過程があり，これらを含めると年間の収支のバランスがとれることになる。

　また，同様に長期にわたって土壌中の窒素含有量と施肥との関係を調べた結果から，有機質肥料や化学肥料を施肥することにより土壌中の窒素含有量

137

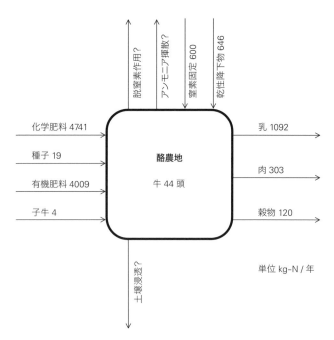

図66　オランダの酪農地における窒素収支

1984年の1年間の酪農地全体 (32.3 ha) での窒素収支を示す。脱窒素作用，アンモニア揮散，土壌への浸透と流出量は計測されていないが，これらを含めることにより窒素収支のバランスがとれる (Bennekon & Schroll, 1988 を改変)。

は増加するが，これに伴って土壌からの窒素の流出量も増えることが示されている。

富栄養化

　酪農地の窒素収支であきらかなように，農業生産物に取りこまれて人間が利用するもののほかに，農地から流出し，河川や湖沼，地下水に流入する窒素量がかなり多い。栄養塩類の流出に関しては，家畜の糞尿など有機物や酪農地からの流出に起因する陸水の富栄養化が問題となっている。この問題には，適切な排水処理をおこなう，適切な飼育頭数を維持する，流出の防止をおこなうなどの対策がとられているが，農地の面積が広いことと，物質の

輸送が面的に広がっていることから，解決することは非常に難しいのが現状である。

また，酪農地以外においても，施肥した硝酸態窒素の50～70％は作物に吸収されずに系外へと流出し，河川・湖沼・地下水の水質汚染を引き起こすことが知られている。硝酸態窒素は人間の精神機能に障害を及ぼすなどの健康面から，飲用水中の環境基準が決められており，その主たる排出源である農地からの流出を抑制する技術が検討されている。この問題にも適切な施肥や潅水をおこなう，緩効性肥料の開発，土壌浸透水の処理技術を開発するなどの対策が検討されているが，土壌中に浸透した水の輸送経路はたいへん複雑であるため，土壌への拡散を防止する技術の開発が必要であろう。農地からの硝酸態窒素をはじめとする栄養塩類の流出は，一般に作物の生育が休止する冬期に多くなる。栄養塩類の流出は降水によって引き起こされるため，降雨直後に農地からの流出量が増加する傾向にある。この際，土壌中の栄養塩類が可溶化して雨水に溶け込み流出するため，流出水中の塩類濃度が著しく高まることがある。

これと類似した機構で，多雪地域では融雪に伴う渓流水の酸性化が起こる。これは acid shock という現象で知られており，融雪期の初期の降雨時など急速に融雪が進んだ時に，積雪中に蓄積された酸や栄養塩類が急速に流出し，一時的ではあるが渓流水が著しく酸性化する現象である。瞬間的ではあるが河川の酸性度がきわめて高くなるため，魚類などの生物群集に甚大な影響を及ぼす。

温室効果ガスの発生

地球環境は，地表面からの熱放射を大気中の水蒸気や二酸化炭素が吸収することにより，温度変化の小さい温和な環境となっている。このような気体を温室効果ガス（greenhouse effect gas）とよび，近年，大気中の温室効果ガス濃度の上昇により，地球温暖化が加速されることが懸念されている。生物の呼吸により発生する二酸化炭素のほかに，水田などの還元的土壌から発生するメタン（CH_4），多量の窒素を施肥した土壌から発生する亜酸化窒素（一酸化二窒素；N_2O）も重要な温室効果ガスである。水田の多い東南アジアから

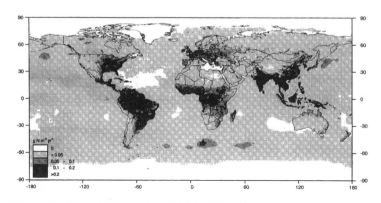

図67　陸域および海洋からの亜酸化窒素の放出量

陸域からの亜酸化窒素の放出量は熱帯域が多いが，温帯域でも集約的
な農業をおこなっているヨーロッパ，北アメリカ，東アジア地域で多
くなっている（Bouwman et al., 2000）。

東アジアにかけては土壌からのメタンの放出量が多い地域となっている。

　また，亜酸化窒素の発生は，集約的な農業のような窒素施肥量の多い農地で
みられる（図67）。亜酸化窒素は脱窒素作用によって発生する気体であり，こ
の反応は還元的な環境でも酸化的な環境でも進行する。大気圏に放出された
亜酸化窒素は成層圏に達するとここでオゾン層の破壊を導く。亜酸化窒素の
発生は集約的な農業とかかわっていることから，今後農業の形態を変更してい
かなくてはならないが，これには経済的な問題も含めた検討が必要であろう。

その他の環境問題

　農業では，必ず生産系と消費系との間での物質輸送が起こる。農村部で作物
を生産し，これを都市部に輸送して消費し廃棄するという流れの中で，農村部
から都市部への一方的な物質の輸送と都市部での集積が起こり，物質循環が
不均衡になる。この対策としては，都市部と農村部を含む系として物質輸送形
態を考えること，すなわち都市部から農村部への物質の輸送経路を設け，都市
部と農村部での物質循環系をつくりあげることを検討する必要があろう。

　この一例として，ベトナムの養豚農家では，都市で排出された食料残渣
（残飯）を飼料として用いた豚の飼育を行っている。さらに，排出・排泄物の

分解の際に生成するメタンは燃料として利用し、残った無機塩類は養魚地に送って魚類の生産に利用している。

　このほか，農業にかかわる問題として，土壌侵食，塩類土壌の発生と砂漠化の問題が深刻となっている。天然の森林では樹木の根が土壌を保持する機能をもっているため，降水や強風による土壌侵食の危険性は低いが，農地では作物の収穫と同時に根系も失われるため，根系による土壌保持機能はきわめて低い。そのため，土壌侵食やこれに伴う栄養塩類の流出の問題が発生しやすい。また，乾燥土壌を灌漑すると，土壌に浸透した水は，土壌の深層にある塩類を溶かし込み，再び土壌表面に移動し，ここに塩類を集積させる。そのため，乾燥地域では灌漑をおこない水を導入しているが，これは適切に行わないとますます砂漠化を進める原因となる。中央アジアのアラル海沿岸地域は，とくに塩類土壌の問題が深刻である。灌漑による水消費でアラル海の面積が急速に縮小するとともに，広範囲に及ぶ塩集積により植物が生育できない地域が拡大しつつある。

おわりに

　生態学の学習のために編集されたテキストは，数学や物理学のテキストなどとは異なり，扱う範囲が編集者によって異なるのが普通である。海外の生態学のテキストには，生態学の多くの分野を網羅したものもあり，とても厚い書物として出版されているが，それでもなお全分野を完全に網羅できているわけではない。これに比べて本書は，生物学を専門としない学生や，初学の方々が学習しやすいように内容を精選し，できる限り短くまとめたものであるので，生態学の全分野を網羅できていないことは言うまでもない。しかし，本書で生態学のもっとも基盤となる部分の学習をされ，さらに発展した学習をされたい人がより専門的な生態学の書物を手にされたとき，その書物にスムースに入っていけるであろう。ぜひとも本書を踏み台として，より発展した学習にとり組んでいただきたい。

　また，生態学的現象にはさまざまな解釈があり，いわゆる正解は存在しない。本書で解説した内容も，あくまで一つの解釈であり，その解釈に対する異論も多いことは事実である。したがって，本書を読まれ，いろいろと疑問をもたれた読者も多いと思うが，その疑問こそが重要で，「この解釈は違うのではないか？」と思われた方々は，すでに生態学について理解を深めてきているであろう。著者として，このような疑問を耳にすることは，本書の意味を正しく理解されたものとしてたいへん喜ばしい限りである。

　生態学の発展はめざましいが，それにも増して生態学が解決しなくてはならない問題は日々増加しつつある。このような問題は，生態学者だけががんばっても到底解決できるものではない。本書を読まれた多くの読者に生態学に興味をもっていただき，それぞれの立場から生態学の問題解決にとり組んでいただければと思う。

第3版にあたり

　第4章「共生系による生態系の安定化」を執筆された橋床泰之先生が，本書の改訂に携わることなく，泉下の客となりました。遺稿にわずかな手直しをさせていただきましたが，玉稿であるこの章はほとんど第2版のままとしました。共生に関してご自身の研究をふまえて執筆された原稿を本書で使わせていただいたことは，編者の大きな喜びであります。

2023年4月

編者

参考文献

秋山章男 (1996) 環境要求と適応. 河口・沿岸域の生態学とエコテクノロジー 第2章 生物の生態と環境 (栗原 康 編著), 東海大学出版会, pp. 85 – 98.

Alliende, M. C. and Harper, J. L. (1989) Demographic studies of a dioecious tree. 1. Colonization, sex and age-structure of a population of *Salix cinerea*. Journal of Ecology, **77**: 1029 – 1047.

荒木眞之 (1972) シラカンバ模型林における葉群の諸変化 (予報) 日本林学会誌, **54**: 192 – 198.

荒木眞之 (1995) 森林気象, 川島書店.

Begon, M., Harper, J. L. and Townsend, C. R. (1996) Ecology, individuals, populations and communities, third edition. Blackwell Science, Oxford, UK.

Bennekon, G. and Schroll, H. (1988) Nitrogen budget for a dairy farm. Ecological Bulletins, **39**: 134 – 135.

Bouwman, A. F., Taylor, J. A. and Kroeze, C. (2000) Testing hypotheses on global emissions of nitrous oxide using atmospheric models. Chemosphere - Global Change Science, **2**: 475 – 492.

Branch, G. M. (1975) Intraspecific competition in *Patella cochlear* Born. Journal of Animal Ecology, **44**: 263 – 281.

Crombie, A. C. (1945) On competition between different species of graminivorous insects. Proceedings of the Royal Society of London, Series B, **132**: 362 – 395.

Ehrlich, P. R., Ehrlich, A. H. and Holdren, J. P. (1977) Ecoscience: population, resources, environment. Freeman, San Francisco.

Gause, G. F. (1932) Experimental studies on the struggle for existence. I. Mixed population of two species of yeast. Journal of Experimental Biology, **9**: 389 – 402.

Golley, F. B. (1960) Energy dynamics of a food chain of an old-field community. Ecological Monograph, **30**: 187 – 206.

Hem, J. D. (1960) Some chemical relationships among sulfur species and dissolved ferrous iron. *In*: Chemistry of iron in natural water, U. S. Geological Survey, Water-Supply Paper. 1459 – C: 57 – 73.

Jongmans, A. G. (1997) Rock-eating fungi, Nature **389**: 682 – 683. doi: 10.1038/39493.

木村 允 (1977) 亜高山帯の遷移 群落の遷移とその機構 (植物生態学講座4) 第2章 自然の遷移, 朝倉書店, pp. 21 – 30.

Koblentz-Mishke, I. J., Volovinsky, V. V. and Kabanova, J. B. (1970) Plankton primary production of the world ocean. *In*: Scientific exploration of the South Pacific (W. S. Wooster, ed.) . National Academy of Sciences, Washington, D. C.

Koike, T., Mori, S., Matsuura, Y., Prokushkin, S. G., Zyryanova, O. A., Kajimoto, T., Sasa, K. and Abaimov, A. P. (1998) Shoot growth and photosynthetic characteristics in larch and spruce affected by temperature of the contrasting north and south facing slopes in eastern Siberia. Proceeding of the 7th Symposium on the Joint Siberian Permafrost Studies between Japan and Russia in 1998. 3 – 12.

Kozlovsky, D. G. (1968) A critical evaluation of the trophic level concept. I. Ecological efficiencies. Ecology, **49**: 49 – 60.

倉内一二 (1953) 沖積平野におけるタブ林の発達. 植物生態学会報, **3**: 121 – 127.

Le Cren, E. D. (1973) Some examples of the mechanisms that control the population dynamics of salmonid fish. *In*: The mathematical theory of the dynamics of biological populations (M. S. Bartlett and R. W. Hiorns, eds), pp. 125 – 135. Academic Press, London.

Lewis, J. R. (1972) The ecology of Rocky Shores. English University Press, London.

Likens, G. E. and Bormann, F. G. (1975) An experimental approach to New England landscapes. *In*: Coupling of land and water systems (A. D. Hasler, ed.), pp. 7 – 30. Springer-Verlag, New York.

Lonsdale, W. M. and Watkinson, A. R. (1983) Light and self-thinning. New Phytologist, **90**: 431 – 435.

Mebs, D. (1994) Anemonefish symbiosis: vulnerability and resistance of fish to the toxin of the sea anemone. Toxicon **32** (9) : 1059 – 1068.

Odum, H. T. (1957) Trophic structure and productivity of Silver Springs, Florida. Ecological Monograph, **27**: 55 – 112.

Odum, E. G. (1971) Fundamentals of ecology, 3rd ed. Saunders, Philadelphia.

O'Neill, P. (1998) Environmental Chemistry, third edition. Blackie Academic & Professional, London.

Reichle, D. E. (1970) Analysis of temperate forest ecosystems. Springer-Verlag, New York.

Saloniemi, I. (1993) An environmental explanation for the character displacement pattern in *Hydrobia* snails. Oikos, **67**: 75 – 80.

Sinclair, A. R. E. and Norton-Griffiths, M. (1982) Does competition or facilitation regulate migrant ungulate populations in the Serengeti? A test of hypothesis. Oecologia, **53**: 354 – 369.

Solomon, E. P., Berg, L. R. and Martin, D. W (1999) Biology, fifth edition. Saunders College Publishing, Philadelphia, USA.

Tezuka, Y. (1961) Development of vegetation in relation to soil formation in the volcanic island of Oshima, Izu, Japan. Japanese Journal of Botany, **17**: 371 – 402.

Tilman, D. (1977) Resource competition between planktonic algae: an experimental and theoretical approach. Ecology, **58**: 338 – 348.

Utida, S. (1957) Cyclic fluctuations of population density intrinsic to the host-parasite system. Ecology, **38**: 442 – 449.

Weisner, S. E. B. (1993) Long-term competitive deiplacement of *Typha latifolia* by *Typha angustifolia* in a eutrophic lake. Oecologia, **94**: 451 – 456.

Wetzel, R. G. (2001) Limnology, lake and river ecosystems, third edition. Academic Press, San Diego.

Whittaker, R. H. (1975) Communities and Ecosystems, 2nd edition. Macmillan, London.

Woodwell, G. M., Wurster, C. F. and Isaacson, P. A. (1967) DDT residues in an East Coast estuary: A case of biological concentration of a persistent insecticide. Science, **156** (3776) : 821 – 824.

柳 哲雄 (2005) 海洋汚染 海の科学－海洋学入門 (第2版), 恒星社厚生閣.

Yoda, K., Kira, T., Ogawa, H. and Hozumi, K. (1963) Self thinning in overcrowded pure stands under cultivated and natural conditions. Journal of Biology, Osaka City University, **14**: 107 – 129.

吉岡邦二 (1973) 植物地理学 (生態学講座12), 共立出版.

索　引

生 態 学 入 門
Introduction To Ecology

− 編者・著者紹介 −

原口　昭 (はらぐち あきら) 1961年 −
　北九州市立大学国際環境工学部　教授
　京都大学工学部卒業　京都大学大学院理学研究科植物学専攻博士課程修了　博士 (理学)
　専門：生態学, とくに湿原や河川の生物群集と化学環境との相互関係の解析

橋床　泰之 (はしどこ やすゆき) 1962年 − 2019年
　北海道大学大学院農学研究院　元教授
　北海道大学農学部卒業　北海道大学大学院農学研究科農芸化学専攻博士課程修了　博士 (農学)
　専門：生態化学, とくに植物と微生物と化学シグナルコミュニケーションの解析

上田　直子 (うえだ なおこ) 1951年 −
　北九州市立大学　名誉教授
　九州大学農学部卒業　博士 (農学)
　専門：海洋生態学, とくに沿岸域の底生動物群集と海底環境との相互関係の解析と環境修復

河野　智謙 (かわの とものり) 1971年 −
　北九州市立大学国際環境工学部　教授
　宮崎大学農学部卒業　名古屋大学大学院生命農学研究科生化学制御専攻博士課程修了　博士 (農学)
　専門：環境生物学, とくに植物と原生生物の環境応答, 植物と微生物の相互作用 (感染・共生)

生態学入門 − 生態系を理解する　第3版

2023年 4 月30日　第 1 刷発行

編 著 者　　原口 昭
著　　者　　橋床泰之・上田直子・河野智謙
発 行 者　　岡 健司
発 行 所　　株式会社生物研究社
　　　　　　〒 108 - 0073　東京都港区三田 2 - 13 - 9 - 201
　　　　　　　電　話　(03) 6435 - 1263
　　　　　　　F a x　(03) 6435 - 1264
装　　丁　　株式会社 Live
印刷・製本　有限会社 タカラ加工

ISBN978-4-909119-38-4 C3045

株式会社生物研究社の本
https://seibutsu-study.net/